苜蓿产业化
关键技术

翟桂玉　主编

U0321078

山东科学技术出版社

图书在版编目（CIP）数据

苜蓿产业化关键技术 / 翟桂玉主编 . —济南：山东科学技术出版社, 2019.10（2020.9 重印）
ISBN 978-7-5331-9940-1

Ⅰ . ①苜… Ⅱ . ①翟… Ⅲ . ①紫花苜蓿－栽培技术 Ⅳ . ① S551

中国版本图书馆 CIP 数据核字 (2019) 第 197449 号

苜蓿产业化关键技术
MUXU CHANYEHUA GUANJIAN JISHU

责任编辑：周建辉
装帧设计：孙　佳

主管单位：山东出版传媒股份有限公司
出 版 者：山东科学技术出版社
　　　　　　地址：济南市市中区英雄山路 189 号
　　　　　　邮编：250002　电话：（0531）82098088
　　　　　　网址：www.lkj.com.cn
　　　　　　电子邮件：sdkj@sdcbcm.com
发 行 者：山东科学技术出版社
　　　　　　地址：济南市市中区英雄山路 189 号
　　　　　　邮编：250002　电话：（0531）82098071
印 刷 者：山东联志智能印刷有限公司
　　　　　　地址：山东省济南市历城区郭店街道相公庄
　　　　　　　　　村文化产业园 2 号厂房
　　　　　　邮编：250100　电话：（0531）88812798

规格：大 32 开（140mm×203mm）
印张：5.5　字数：100 千　印数：2501～5500
版次：2019 年 10 月第 1 版　2020 年 9 月第 2 次印刷
定价：24.00 元

主编简介

　　翟桂玉　农学博士，研究员，硕士研究生导师，山东省牧草创新团队饲草调制加工岗位专家。主要从事草业与畜牧业科技的研究与推广，曾赴美国俄勒冈州立大学做高级访问学者。先后主持完成国家、省部级攻关、创新和推广项目30余项，获山东省科技进步二等奖1项、三等奖3项，山东省农牧渔业丰收一等奖2项，通过省级审定的饲料作物新品种5个，牵头制修定畜牧业标准20多项，主编出版著作3部。主要社会兼职有：山东省农业专家顾问团畜牧分团成员，山东省草品种审定委员会委员。

主　编　翟桂玉

副主编　曲绪仙　王本廷　姜慧新　刘　栋

　　　　王兆凤　曹　阳　柴士铭　原伟涛

　　　　杨景晁　张　磊　张文娟

苜蓿，波斯语的意思是最好的草。从张骞出使西域带回苜蓿草种到现在，苜蓿在我国已有2 000多年的栽培史。

苜蓿是牛羊等草食动物的优质饲草，被誉为"牧草之王"。据测定，苜蓿干草蛋白质含量可达20%，叶粉中蛋白质含量大于30%，叶片蛋白质含量40%以上。

西方谚语里说，大自然赐予人类两件珍贵礼物，"一件是苜蓿等豆科牧草，一件是奶牛等草食动物。""优质牧草邂逅奶牛瘤胃，才能衍生优质牛奶。"苜蓿和奶牛形成了一种天然的联系。实践也证明，发展奶业离不开优质苜蓿产业的支撑。

苜蓿是豆科植物，具有较强的固氮能力，能将空气中的氮转变为植物可利用的氮，为动物提供蛋白质等营养物质。

苜蓿是重要的多年生植物，也是种植业结构调整及草畜一体化的重要作物，发展苜蓿产业对促进种养结合、农牧循环的作用日渐突出，社会共识聚集增强。

苜蓿产业是草产业与草牧业发展的重要组成部分，是现代草业的重要标志。经过长期努力，苜蓿产业从无到有，随着国家生态文明建设的推进，苜蓿产业迎来了新的发展机遇，呈现出蓬勃兴起之势。

为了全面推进苜蓿产业化进程，著者结合自己的专业研究和集成的生产实践，编著了《苜蓿产业化关键技术》一书，希望有助于加快苜蓿产业与畜牧业的精准对接，实现"草—畜—乳（肉）"耦合发展，不断提升苜蓿产业的规模化、专业化、机械化生产水平，有效缓解畜禽养殖快速发展与优质饲草供给不足的矛盾，带动从种子生产、栽培种植到产品加工、机械装备制造的全产业链兴起。

本书涵盖了苜蓿高产栽培、收获加工和科学利用的各项关键技术，先进实用，可操作性强，适合畜牧科技人员、草业企业和基层生产管理人员生产实践参考。

翟桂玉
2019年6月

Contents

第一章

苜蓿产业化发展概述

苜蓿是豆科苜蓿属多年生草本植物，原产于小亚细亚、伊朗和外高加索一带，世界各地都有栽培或呈半野生状态分布，产量高，草质好，具有很高的营养价值，世界各国广泛种植作，可作为饲料与牧草。

第一节　山东省苜蓿产业化的发展

苜蓿在山东省有悠久的栽培史，据史料记载，从陕西关中传入山东省已有千年以上历史。

一、苜蓿栽培回顾

山东全省各地历史上都种植过苜蓿，主要产地是鲁西北四区，即当时的德州、惠民(滨州、东营)、聊城、菏泽四个地区。解放初期，全省种植面积8万公顷(1公顷＝15亩），其中四区种植面积7.54万公顷；公社化后，大牲畜集中饲养，土地集体经营，苜蓿种植面积不断下降。20世纪70年代初期，苜蓿成为出口物资，外贸部门在德州、惠民和聊城的主产县设立收购站，采取奖励政策，还从陕、甘、宁等省区调进种子，鼓励农民种植，苜蓿生产有所回升，1979年总面积恢复到6万公顷。此后，随着农村经济体制改革，土地分散经营，特别是棉花收购价上调的刺激，鲁西北地区纷纷将苜蓿地翻耕改种棉花，苜蓿种植面积显著下降，到1983年全省不足2万公顷。

解放初期，山东省苜蓿栽培面积最大、分布最广的是德州地区，曾达到3.13万公顷，集中在乐陵、齐河、陵县、临邑、商河等地。20世纪80年代初期，受棉花扩大种植的影响，苜蓿面积下降很快，1983年苜蓿保留面积仅有0.67万公顷左右。惠民地区在建国初期有苜蓿2.33万公顷，主要生产县是阳信、无棣、惠民、沾化和博兴；聊城地区建国初期有苜蓿1.33万公顷，主要分布在茌平、莘县、冠县、高唐和阳谷等县，到1983年仅剩4 000公顷左右。菏泽地区是我省传统的苜蓿种植区，建国初期有苜蓿0.67万公顷左右，主要分布在曹县、郓城、成武、巨野等县。由于改种棉花，到1983年苜蓿种植面积所剩无几。

除以上四区外，潍坊北部、济宁、济南和淄博的部分县都种植过苜蓿，但面积较小。

山东省苜蓿分布较多的鲁西北四区，历史上是比较贫困的地区，粮食产量低，精饲料缺乏，群众种植苜蓿饲养家畜，既当草又当料，通过长期饲养，培育出了小尾寒羊、鲁西黄牛、渤海黑牛、德州驴、渤海马等地方优良家畜品种。苜蓿在全省各地用作饲草，多是春、夏季节直接刈割鲜喂，秋季晒制干草。2000年之前，一般条件下，我省苜蓿全年收获三次：第一茬在5月中旬，产量较高，占全年产量的50%；第二茬在7月中旬刈割，产量占全年产量的30%；第三茬在9月中旬刈割，产量占全年产量的20%。2000年后，引进新品种和应用新技术，全省苜蓿每年收获次数为四次，最后一次收获的时间一般在10月中下旬。

二、苜蓿产业化进程

自2000年以来，山东省苜蓿产业发展经历了发展—停滞—再发展的过程。第一个发展阶段是2000～2004年，这一时期，苜蓿生产成为许多地方农业生产结构调整，特别是种植业结构调整的重要措施；第二个发展阶段是2005～2008年，这一阶段是苜蓿发展的停滞期，主要是苜蓿种植的比较效益下降，很多地方发生了"草贱伤农"的问题，毁草种粮植棉的事例不胜枚举；第三个阶段是2008年到现在，这一阶段是苜蓿产业再发展的时期。2008年发生"三聚氰胺"奶粉事件后，反思我国奶业发展的深层次矛盾和问题时，发现苜蓿等优质牧草不能充裕供应是造成奶业生产出现奶牛单产水平低、原料奶质量差、奶牛养殖效益不高等问题的主要症结所在，对苜蓿产业发展的重要性和紧迫性有了全新和深入的认识。从2012年起，农业部和财政部实施了"振兴奶业苜蓿发展行动"，中央财政每年安排5.25亿元建设3.34万公顷高产优质苜蓿示范片区，片区建设以20公顷为一个单元，一次性补贴180万元，重点用于推行苜蓿良种化、应用标准化生产技术、改善生产条件和加强苜蓿质量管理等方面，极大地推进了苜蓿产业发展和种养结合。

三、重点区域苜蓿产业发展的特色

1. 东营市苜蓿产业

东营市是黄河三角洲的中心城市，地处黄河入海口，成立于1983年10月，总人口195万，陆域面积8 053平方千米，其中草地面积44.5万公顷，人均土地面积、草地面积居山东省之首。

（1）发展历程：东营市苜蓿产业从1997年起步，到现在大体经历了三个发展阶段。

①第一阶段，认识起步阶段（1997～2000年）。1997年在利津县陈庄镇前进一村、双滩村和广北农场试种苜蓿80公顷，平均亩产干苜蓿1 140千克，亩产值684元，亩成本226元，亩净产值458元。而同期平均亩产粮食

（小麦、玉米两茬）710.2千克，亩产值737.18元，亩成本593.65元，亩净产值385.62元。从亩净产值上看，种苜蓿是种粮食的1.2倍；从亩成本上看，种粮食是种苜蓿的2.6倍。试种苜蓿获得成功，拉开了人工种草、种草养畜的序幕，苜蓿商品化生产开始起步，苜蓿草地由少到多，逐步发展到2 000多公顷。

②第二阶段，快速发展阶段（2000～2004年）。浙江横店草业公司等外来龙头企业的进入，有力地推动了东营市现代草业和畜牧业的发展，商品草业和种草养畜齐头并进，种植水平明显提高，种植面积逐年扩大。2004年，全市种植苜蓿1.87万公顷，年产苜蓿干草28.7万吨，主要分布在黄河两岸以及黄河、广北、渤海、济军生产基地、青坨畜禽良种场五大农场。种植品种主要有中苜一号、WL 323、皇后、阿尔岗金、费纳尔、金皇后六个品种，部分草产品主要销往江苏、广州、上海、深圳等地，售价1 200～1 400元/吨。山东横店草业畜牧有限公司在黄河两岸种植高标准苜蓿8 000公顷，被誉为华东"人造大草原"。

③第三阶段，稳步发展阶段（2004年至今）。大力发展现代食草畜牧业，种草养畜，草畜结合，形成了以养促种、以种促养的产业链条，成为农民增收的新亮点，实现了"四个转变"。一是由粗放种草向科学种草、标准化生产的转变，实现了种草效益的最大化；二是由单纯种草向

种草养畜、配套联动的转变，实现了种草养畜双重增值；三是由单一品种种植向合理搭配牧草品种、因地制宜、以畜定草的转变，实现了综合效益的最大化；四是由传统的牛羊养殖加工销售向现代食草畜牧业的转变，实现了种、养、加、销一体化的新格局。全市种草养奶牛、肉牛、肉羊的配套比分别达到了95%、70%和60%，草畜一体化进程进一步加快。

（2）发展经验：东营市在推进苜蓿产业发展中，积累了推进发展的经验。

①政策引领，带动发展。东营市先后出台了《关于加快牧草产业化发展的意见》《全市奶源基地奖励办法》和《全市奶牛及肉羊产业化发展奖励办法》等一系列加快苜蓿发展的扶持政策，在农业开发资金、财政支农资金、农业项目科技推广资金、农户购置中小型牧草机械补贴、土地价格、优先安排贴息贷款等方面以奖代补。全市用于种草养畜的财政支出2 000多万元，其中扶持龙头企业960万元，良种工程和基地建设奖励资金550万元，牧草机械补贴250万元。这些优惠政策，极大地调动了社会要素投向苜蓿产业发展的积极性。2000年，横店草业集团在东营从事苜蓿生产开发，并取得了1.5万公顷土地的经营权，土地租赁费每年每亩仅收50元。

②技术集成，推动发展。一是做好规划，东营市以苜蓿种植与新品种引试繁推样板园，苜蓿种植专业乡、村、

户"一园三专"建设为切入点，做好规划，制定方案，推进实施，发展成方连片，苜蓿规模化种植。二是抓好技术转化应用，建立了良种对比试验和良种繁育基地，筛选适宜在全市推广的优良苜蓿品种，全市牧草良种覆盖率达100%。制定了苜蓿种植技术规程，在苜蓿生产中，重点推广密垄稀植、种子包衣、根瘤菌拌种、除草剂灭荒、枣草间作等实用技术。三是抓好标准化建设，根据实际，制定了《苜蓿草产品质量标准》和《无公害苜蓿生产技术规程》两项地方标准，按照技术标准的要求组织生产，建设优质牧草和绿色畜产品品牌。四是抓好宣传培训，通过报纸、电视、广播、现场会等方式，宣传介绍种苜蓿养畜的经验、优质苜蓿栽培与管理知识，同时设立了苜蓿生产服务热线，及时为农民排忧解难，提供科技服务。在苜蓿良种引进、播种、晾晒等关键环节和关键时期，实行专人跟踪服务。五是抓典型引路，重点培育以横店商品苜蓿草为主的草业公司，以丁庄镇李道村为主的种草养奶牛示范场，以陈庄镇双滩村、前进一村为主的种植苜蓿典型村。

③模式创新，拉动发展。为了探索种养结合发展模式，先后以开元、柏拉蒙、大地等一批种养结合的大型奶牛场为骨干，培育了75个种草养奶牛、肉牛和肉羊典型场户，养殖效益提高10%～20%，为草—畜—乳一体化发展起到示范带动作用，探索出了以养带种、以种促养、种

养结合、增产增收、种养融合发展模式，促进了苜蓿业和养殖业共同发展，提高了种养的综合效益。

2. 滨州市苜蓿产业

滨州市对苜蓿产业一直比较重视，种草养畜已成为滨州市节粮型畜牧业的发展特色。滨州市重视苜蓿产业发展，是基于对苜蓿营养价值的认识，苜蓿干物质中粗蛋白的含量为15%～25%，相当于豆饼的一半，比玉米高1.0～1.5倍，必需氨基酸含量比玉米高5.7倍，另外还含有多种家畜需要的维生素和微量元素。苜蓿既是奶牛的优质饲草，还可以作为肉羊、肉牛、猪、兔等的优质饲料；苜蓿的优质植物蛋白转化成牛羊肉和奶的动物蛋白，不仅质量好，而且节本增效。滨州市许多奶牛、肉牛和肉羊规模养殖场都通过自建或合同等方式建设饲草基地，逐步形成了以草养畜、以畜带草、草畜互动的种养循环体系。

滨州市种植苜蓿历史悠久，有一定的种植基础和经验。20世纪七八十年代，苜蓿一度成为滨州市出口创汇的拳头产品。无棣县是滨州市苜蓿种植规模最大的县，也有种植紫花苜蓿的传统。从1984年开始，无棣县大力发展苜蓿种植，县里成立了专门的苜蓿加工机构，带动多家企业开展苜蓿贸易；1991年，该县把8月4日定为"种草节"，将紫花苜蓿定为"县草"；1993年，当地紫花苜蓿品种"无棣苜蓿"通过了国家牧草品种审定委员会审定，并被国家有关部门评定为"优良地方牧草品种"；1992年"无棣紫花牌"苜蓿系列产品获首届中国农业博览会唯一银牌，1999年又获全国农业博览会名牌产品。1986～1987年，无棣县苜蓿种植面积最大时达到1万公顷，生产加工企业5～6家。但后来随着苜蓿种植对盐碱地的改良，盐碱地开始适宜种植棉花等经济作物，许多苜蓿地改种棉花，有的改种粮食作物，苜蓿面积开始萎缩下降。到2012年底，全县苜蓿存量面积只有2 000公顷。

沾化区苜蓿规模化种植始于1999年，浙江横店集团在沾化区李家农场开展改土种草，建立1 333公顷苜蓿生产基地。2000年，横店草业在沾化开发平整了3 133公顷盐碱地，并完成配套水利系统及基础设施，播种苜蓿，建立苜蓿生产基地。

2014年，农业部开始实施"振兴奶业发展苜蓿行动"。在政策的拉动下，滨州市苜蓿产业发展迅速，基地建设加快，2015年新增种植面积1 400公顷，其中无棣县新增1 000公顷，沾化新增200公顷，北海新区新增200公顷。

第二节　苜蓿产业化发展的再认识

苜蓿产业发展对保障粮食安全、食物安全和生态安全都具有重要的意义。

一、苜蓿产业发展与食物安全

粮食安全是指"保证任何人在任何地方都能得到未来生存和健康所需要的足够食品"。近年来国内食品安全方面出现诸多问题，人们对"吃饱"的认识，已经由"粮食安全"转变为"食物安全"，"食物生产"由"谷物生产"转变为"食品生产"，以保障居民营养安全和食物安全为基础的农业生产、畜牧业生产的结构日趋多元化。食物安全是指粮食、畜产品、水产品等可以互相替代、互相补充的营养物质的供给安全，更深的延展为生产充足和优质安全的肉蛋奶所必需的饲草料安全，以充分满足居民日常的蛋白质营养需要，发展苜蓿产业是提供优质饲草料的重要措施之一。

二、苜蓿产业发展与提高粮食综合生产能力

苜蓿作为中低产田改造的先锋作物，可以将中低产田改造为良田，可更好地生产粮食。种植苜蓿还可以提高土地利用率，可以充分利用不适宜种植粮食或粮食产量低的耕地、退耕地和农闲地，也可以利用相当部分的盐碱地、荒坡地及部分草地等，因此不会产生与粮食和经济作物争地的矛盾。种苜蓿可以改善土壤结构，提高土壤肥力，增加粮食产量，通过草田轮作，可以使粮食产量提高20%以上，实现"藏粮于草"。我省目前许多地方都是长期实行小麦连作，结果耕地越种越瘦，产量越来越低，

且病害多发，杂草蔓延。有的地方通过推广苜蓿和小麦轮作，不断提高土壤肥力，控制水土流失，保证了农作物和畜牧业持续发展。

粮食综合生产能力是由耕地、资本、劳力、科技、环境等要素综合投入所形成的，某一地区在一定时期内可以稳定地达到一定产量和质量的粮食产出能力。粮食综合生产能力由各要素的投入能力、要素间的匹配与融合能力所决定，由正常年份稳定的产量所体现。发展苜蓿产业可以显著提高粮食综合生产能力。

三、苜蓿产业发展与畜产品安全

苜蓿被誉为"饲草之王"，蛋白质含量高，富含各种氨基酸、维生素，营养平衡而全面，是饲养牛羊不可缺少的优质粗饲料。苜蓿的饲料价值远高于玉米和小麦等粮食作物，苜蓿可以替代部分粮食饲料，进而可以减少畜牧业对粮食的消耗。

苜蓿应用于畜禽养殖有助于提高畜产品质量，保障畜产品安全。奶牛日粮中增加6千克苜蓿，单产可提高10%以上，乳脂和乳蛋白率可常年各保持在3.6%、3.2%以上，还可以减少奶牛代谢疾病，并使奶牛维持在高产水平。

畜禽饲喂苜蓿饲草可以实现节本增效，奶牛饲料中添加苜蓿可减少粮食（或精料）的用量。在奶牛生产中，中高产奶牛日粮中添加3千克干苜蓿可替代1.5千克精料。

在具备灌水条件的中等农田种植苜蓿，在与种植粮食同等施肥、管理的条件下，每亩可产苜蓿干草700～1 000千克，可替代350～500千克精料，这样相当于减少666平方米地的粮食种植，苜蓿种植可以替代一部分饲料玉米的种植，并且不多占用农田。

饲喂苜蓿可提高奶牛单产，从而减少养牛头数，减少对粮食的消耗。奶牛日粮中添加3千克苜蓿，一头单产5吨的产奶牛，每日可增产鲜奶1.5千克，10头饲喂苜蓿的奶牛产奶量相当于不饲喂苜蓿条件下11头奶牛的产奶量。全省现存栏奶牛130万头，按照80万头产奶牛计算：如果产奶牛都饲喂苜蓿，全省产等量的牛奶，可少养8万头奶牛；若按每头日供精料7.5千克计算，则每年可减少60万吨的粮食消耗。使用苜蓿饲喂奶牛，不仅可以提高奶牛单产，而且可以减少奶牛饲养量，节约成本。

发展苜蓿产业比较效益较高。对全省各地的调研发现，种植苜蓿效益好，特别是规模化种植效益更高。首先，苜蓿产业效益需要延伸计算，不局限于饲草生产这一个环节，还要将草畜结合共同产生的效益算进去。单纯种草不养畜或养畜不种草，效益都不高，只有将草畜结合，综合效益才能充分显现。奶牛日粮中添加苜蓿，奶牛精料用量减少、奶产量提高、牛奶质量和安全性提高以及奶牛发病率下降等所产生的一系列效益计算为苜蓿产业的效益。苜蓿是多年生作物，一年种植，多年受益，苜蓿种植的效益不局限于第一年，应该综合衡量、延伸计算全部收获年份的整体成本效益，然后再向每个年份进行分摊。苜蓿产业的最终效益要靠发展精品畜牧业来体现。

四、苜蓿产业发展与生态安全

苜蓿作为重要的草地植物，能有效改善生态环境。苜蓿根系发达，具有防风固沙、减少地表径流、涵养水源、有效防止水土流失、改善生态环境、提高人居质量、促进城乡和谐发展等多种功能。研究表明，当植被覆盖度增加到50%以上时，地表风蚀水蚀会明显降低。在我省沿海滩涂盐碱地、丘陵瘠薄地和中低产田种植苜蓿，不仅增加了冬春季节地面覆盖，能够显著降低风速、减少风蚀和改善生态环境，而且可以获得大量优质饲草料，从而减少对草原牧草的依赖，提升畜牧养殖的饲草料供给质量，从而保护草地生态和农业生态。随着我国人口数量的增加和膳食结构的改善，对畜产品特别是牛羊肉、奶的消费量和需要量持续增加，仅仅依靠天然草地和农村秸秆资源已经很难满足这种需求。据测算，种植1公顷优质苜蓿相当于20～30公顷天然草地产草量。如果能从我省条件适宜的优质土地中拿出10万公顷种植苜蓿，建立集约化人工草地，每年可生产苜蓿草150万吨以上，这相当于760万公顷耕地生物产量的1/5，即等同于新增"耕地"18万公顷。种植苜蓿，不仅可以为畜牧业提供优质饲草料，也将显著优化农业种植结构，大大缓解天然草原载畜压力。

种植苜蓿可以减少农药、化肥使用量，可减轻环境负荷，降低农业污染，有利于农业生态系统良性循环。种植苜蓿，可以显著改善土壤微生态，提升后茬作物的产量。长期以来，我省农业实行粮食和经济作物二元种植结构，过度使用化肥、农药造成农田土壤退化板结。推行引草入田和草田轮作，将种植苜蓿引入作物轮作系统，可有效改良土壤，提高土壤肥力，减少氮肥的使用。收获苜蓿饲喂家畜，还可真正做到以地养地，加快耕地休养生息和土壤生态修复。种植1年、2年和3年的苜蓿地，土壤氮素净增量分别为每公顷83千克、115千克和124千克，种植5年的苜蓿地，下茬作物在5年内均可获得高产。

第三节 苜蓿产业发展的瓶颈与对策

苜蓿产业发展与经济社会发展的水平紧密相关，但也与社会认知、技术水平有关，苜蓿产业发展的制约因素是多方面的。

一、"只取不予"问题与解决方案

(1)问题所在：由于苜蓿是豆科牧草，根瘤可以固氮，于是在观念上，片面地认为苜蓿是养地植物，可以多次刈割、多年收获而无须施肥；在生产上则出现了苜蓿种植后"只取不予"的问题，苜蓿种植后只管收草而不管施肥，结果造成产草量随时间推移逐渐下降，苜蓿不同收获茬次产草量越来越不平衡，最终既影响了苜蓿的可利用年限，且影响苜蓿的整体产草量。事实上，苜蓿产草和收获利用会带走土壤中的多种养分，特别是 N、P 和 K 等营养物质。氮素大约有2/3来源于根瘤固氮，其余氮素部分从土壤中吸收外，磷、钾等元素均从土壤中吸收，所以苜蓿地长期只收获不施肥，土壤中的肥料营养逐渐减少，土壤肥力下降，必然会影响苜蓿的产草量。同时，苜蓿多次刈割和追逐较高的产草量，使得苜蓿对土壤中的养分具有较强的利用能力，一般每生产1吨苜蓿干草就要从土壤中吸收氮素(N)12.5千克、磷素(P_2O_5)8千克、钾素(K_2O)12.5千克。

（2）解决方案：为了保证苜蓿健康生长、获得优质高产的苜蓿草，需要做到科学施肥，最大限度地满足苜蓿生长和生产的营养需要。

①掌握施肥方法。苜蓿施肥应根据肥料种类和施肥时期而采用不同的方法，科学施用基肥、种肥和追肥，播前施足底肥，配施一定量种肥，收获后结合灌溉进行追肥。

基肥是播种前施入土壤的肥料，主要是供给苜蓿前两年生长所需的养分，以有机肥和磷钾肥为主。基肥可以撒施、穴施和条施。

种肥是播种的同时施入土壤或与种子混拌的肥料，

种肥的作用是满足幼苗对养分的需求，由于肥料就在种子附近，幼苗根系很快能吸收到养分。种肥利用率高，但种肥与种子或幼苗的根接触，要防止肥料对种子产生不良影响。

追肥是苜蓿生长期在苜蓿地加施的肥料，追肥的作用主要是满足苜蓿在某个时期对养分的大量需求，或者补充基肥的不足。追肥可采用撒施、条施、穴施、环施和灌溉施肥等方法施入。

②熟悉肥料性质和用量。苜蓿生产常用肥料种类繁多，性质各异，主要分为有机肥和化肥两大类。有机肥是一种完全肥料，不仅含氮、磷、钾三要素，还含有钙、镁、硫和微量元素，能够较全面地满足苜蓿营养需求，主要是人粪尿和畜禽粪便，在使用前要发酵腐熟，每亩施肥量2 000千克，作底肥撒施或条施。苜蓿生产中施用的化肥，主要有氮肥、磷肥、钾肥、复混肥及微肥等。

③平衡施肥。平衡施肥是根据苜蓿需肥规律、土壤供肥性能与肥料效应，在获得苜蓿高产、高效，并维持土壤肥力、保护生态环境的前提下，实现用地与养地相结合的施肥措施。平衡施肥能弥补土壤养分失衡，苜蓿生长发育、收获草产品会带走土壤中的养分，长此以往，土壤中某些养分变得越来越少，养分失去平衡，地力逐渐下降。为恢复地力，需通过施肥来平衡从土壤中带走的养分。

④正确运用施肥方式。苜蓿生产中，肥料施用方式主要有撒施、条施、穴施和喷施。撒施是将肥料均匀撒布于土壤中，优点是简单，土壤各部位都有养分被苜蓿吸收，缺点是肥料用量大、利用率不高。条施与穴施是将肥料施在播种沟和播种穴里，优点是肥料近根，容易被吸收利用，肥料利用率高。喷施是把含有养分的溶液喷到苜蓿的地上部分（主要是茎叶），也叫根外追肥。这种施肥方式的优点是直接供给苜蓿有效养分，适宜机械化，经济有效。

⑤应用合适的施肥技术。由于苜蓿的需肥特性与粮食作物不同，在苜蓿生产过程中，不能照搬农作物的施肥技术，否则会造成苜蓿生产盲目投入，收效甚微，甚至造成减产。如在肥力水平较高的苜蓿田中追施有机肥，不但不能增产，反而会造成对苜蓿植株的灼伤，并导致田块中杂草大量滋生。同时，苜蓿每年要收割多次，从土壤吸收的营养元素高于粮食作物，如苜蓿从土壤中吸收的氮、磷均比小麦多1倍，钾多2倍，钙多10倍。不仅如此，苜蓿生长还需要一定数量的硫肥、硼肥、钼肥等微肥。因此，苜蓿不能照搬粮食作物的施肥技术，而应施用专门营养元素配比的肥料。

二、"靠天产草"问题与解决方案

（1）问题所在：苜蓿具有良好的抗旱特性，特别是建制完成后的苜蓿耐旱性较强。苜蓿是一种深根植物，根系发达，其主根入土深度可达6米，能吸收深层土壤水分，在一般农作物不能正常生长的浅表性干旱条件下，苜蓿可以生长，并保持一定的丰产性。由于苜蓿具有这种良好的抗旱特性，许多苜蓿种植者产生了苜蓿不需要灌溉的认识，也就有了"等天降雨，靠天产草"的做法，而不是像管理其他农作物一样，根据土壤墒情和天气变化情况，根据苜蓿生长发育的规律及时浇灌，以保证苜蓿正常生长发育和高产。"靠天产草"的做法不仅影响苜蓿生产潜力的发挥，而且影响种植效益。实际上，苜蓿是一种对水分供应十分敏感的植物，水分供应充足与否，可以根据苜蓿叶片的颜色判断。当水分供应适宜时，苜蓿叶片呈淡绿色；水分供应不足，叶片呈深绿色；水分供应过度，叶片呈黄绿色。苜蓿不仅对水分敏感，而且是一种需水较多的植物，据估计，苜蓿每生产1千克干物质需水700~800千克。苜蓿生产中，旱地与水浇地栽培单位面积的产草量相差巨大，旱地栽培苜蓿干草产量一般为6 000~7 500千克/公顷，而水浇地要比旱地产量高1倍甚至更多，表明灌溉对苜蓿干物质产量的影响很大。

（2）解决方案：苜蓿生产要获得高产、稳产、优质和高效，就要在生产中做到适期、适时、适量灌溉和防洪排涝。

①适时灌溉。不同生长时期苜蓿对水的需要量虽然有所不同，但整体上还是具有一定的规律性。苜蓿需水的关键时期是在生殖器官形成期或开花前期。通常苜蓿

在春季返青时需水较少，返青后随着植株生长和发育，对水的需要量逐渐增加，到现蕾时期，需水量达到了最高峰，此时要求土壤含水量为60%～80%，以后需水量逐渐下降。所以在现蕾后期到开花前期，要根据土壤墒情和天气情况，通过浇水灌溉，保证苜蓿生长发育的水分需要，促进苜蓿生长和产量的形成。苜蓿生产每年可以多次刈割利用，每次刈割后，苜蓿植物体不仅损失了大量干物质，而且也损失了大量水分，为了保证苜蓿留存植物体的再生和分枝，需要保持土壤良好的墒情，需要通过灌溉来保持墒情、为再生植株提供充足的水分。

②选对灌溉方法。苜蓿灌溉的方法主要有浇灌和喷灌两种，可以根据土地类型、地势、地貌和基础设施配套情况，选择经济高效的灌溉方法。

浇灌是通过渠道使水流入苜蓿地，渗入土壤的灌溉方式。浇灌方式有漫灌和沟灌两种。其中漫灌对水的浪费严重，特别是在高温、多风季节，损失更大。而沟灌要求土壤平整、沟渠配套，否则易出现灌水不均匀。灌溉量因土壤及条件不同而有差异，一般每次灌水1 200立方米 /公顷。

喷灌是利用喷灌设备将有压力的水流喷到空中，再洒到苜蓿表面及土壤中。喷灌最大的优点是节水，而且不受地形的限制，在水源缺乏、劳力紧张及土壤不平整的地方适合喷灌，喷灌比大水漫灌节水50%，在渗透性好的沙地上可节水60%～70%。但喷灌受风力影响大，一般

3~4级的风会影响喷洒的均匀度，而且成本较高，需要一定的设备和投资，适合较大面积的苜蓿种植单元使用。

③做好除涝排水。苜蓿不耐水淹，特别是长时间的水淹，所以种植苜蓿的地块应选择在地势较高、地下水位低的地方。苜蓿在生长过程中，如遇长时间的雨天，遭到水淹，为避免引起苜蓿烂根甚至死亡，在多雨易积水的季节应及时做好草地除涝排水。

三、"雨季难以晒制好草"问题与解决方案

（1）问题所在：苜蓿是多年生牧草，也是每年可以多次刈割的牧草，但在有些地方第二茬和第三茬常与雨季重合，导致晒制干草困难，晒制的干草质量也会下降，有时甚至出现草产品霉烂的问题，不仅给苜蓿种植户带来生产上的麻烦，而且影响苜蓿生产的质量和效益，极大地挫伤了苜蓿种植者的生产积极性。

（2）解决方案：为获得优质苜蓿干草，科学解决干草调制过程中出现的霉烂问题，可以采取以下措施：

①调整收获时间。正值雨季进行苜蓿第二茬和第三茬收获时，为防止霉烂，应参照天气预报，尽可能选择晴好天气适时收割；如果雨天较多，可在苜蓿开花期前后提前或错后刈割，这样虽然产量或品质受到一定影响，但从整体看得要大于失。收割后尽量减少在地里的晾晒时间，打捆后及时送到贮草场，选择通风避雨处自然风干，避免雨淋。

②缩短干燥时间。为获得优质苜蓿干草,在苜蓿第二茬和第三茬收获时,可以用收割压扁机对苜蓿茎秆进行压扁压裂,缩短苜蓿草干燥时间。收割压扁机将茎秆压裂压扁,还能够消除茎秆角质层和维管束对水分蒸发的阻碍,加快茎中水分蒸发的速度,一般苜蓿压裂茎秆干燥的时间要比不压裂干燥缩短$1/2 \sim 1/3$。苜蓿草干燥时间的长短主要取决于茎秆干燥所需要的时间,叶片干燥的速度比茎秆要快得多,所需的时间短,所以为实现茎叶干燥保持同步或基本同步,最大限度地减少叶片在干燥中的损失,更进一步提高苜蓿草干燥的速度,还可以在收割压扁机将茎秆压裂压扁的同时,在苜蓿草上喷洒诸如碳酸钾、碳酸钙、碳酸钠、氢氧化钾、磷酸二氢钾、长链脂肪酸酯等干燥剂。这些干燥剂,经过一定的化学反应使苜蓿草表皮的角质层破坏,加快株体内的水分蒸发,提高干燥的速度。这种快速干燥的方法,在减少牧草干燥过程中叶片损失的同时,还能够提高苜蓿干草的营养物质消化率。

③配套收获机械。苜蓿收获和产品加工机械配套,可以提高苜蓿的收获和加工效率,缩短苜蓿在田间的晾晒时间,降低雨水浸淋的机会。长期以来,由于我国苜蓿种植规模普遍偏小,生产的集约化程度偏低,使得苜蓿收获机械和草产品加工机械设备难以配套,机械化作业将苜蓿刈割、茎秆压扁和搂草一次完成的情况不多。这不仅使苜蓿草的营养成分很难最大限度地得以保存,而且

苜蓿收获的工作效率也普遍很低，短时间内难以完成苜蓿干草晒制和成型，也是雨季难以调制好草的原因。因此，要在不断扩大苜蓿种植面积和规模的同时，逐步将苜蓿收获的大型机械，如收割机、茎秆压扁机、草垄翻晒机、打捆机和草捆捡拾机等配套到位，确保收获调制在短时间内完成，以便减少雨天对苜蓿收获调制的影响。

四、"苜蓿干草质量不高"问题与解决方案

（1）问题所在：在苜蓿生产中，所种植的品种都是引进的品种，而且适应性良好，生长茂盛，田间管理也符合相关的技术标准和规程，收获的机械设备与国外相同，但是最终收获制作的干草质量依然不高。

（2）解决方案：要提高苜蓿干草的质量，重要的一环是运用合适的方法，在适宜的时间收获。

①选准收割期。苜蓿收获制作干草要兼顾产量和质量两个方面，既要获得较高的干草产量，同时也要获得营养价值较高的干草。收获过早，苜蓿处于生长早期，草中水分多，蛋白质、矿物质及胡萝卜素含量较高，营养价值高且幼嫩可口，畜禽喜食，但单位面积产草量较低，且长期过早刈割会缩短苜蓿草地使用年限；收获过晚，随苜蓿生长，草中粗纤维含量增加，矿物质和胡萝卜素含量减少，特别是到生长后期，蛋白质含量明显减少，粗纤维大量增加，茎部木质化，草的适口性下降。为解决刈割过早影响产量及草地使用年限、刈割过迟导致草质量下降的

问题，要选准选对苜蓿的最佳刈割期，苜蓿最佳收割时期是孕蕾期和初花期。

②选好留茬高度。苜蓿收割留茬的高度，既影响苜蓿干草的产量和质量，也影响苜蓿再生。留茬高度过高，营养价值高的叶层和基层叶仍留在地面，未被割去，影响干草的营养价值，同时也降低干草的收获量；留茬过低，虽然当时可多收些干草，但由于苜蓿基部的叶大部分被割去，减少了残茬的光合作用，影响苜蓿割后再生和苜蓿地下器官营养物质的积累，因而影响以后草产量。苜蓿收割的留茬高度一般以 10~15 厘米为宜，当年种植的苜蓿，留茬高度以 7~9 厘米为好。

③掌握好刈割次数。苜蓿每年收获刈割次数受自然气候条件、无霜期长短、灌溉条件、管理条件和不同品种生物学特性差异等因素的影响。在气候温暖湿润、无霜期长、水肥条件好、管理水平高的地区，苜蓿每年收获刈割次数可以多一些；在气候干旱寒冷、生长季较短、管理比较粗放的地区，每年收获刈割次数就少一些。在我国苜蓿生产区，一般每年可收割 3~4 次，多的每年可收获 4~5 次。

五、"苜蓿种植效益偏低"问题与解决方案

(1)问题所在：近年来，由于政府实施种粮种棉补贴，单纯种植苜蓿单位面积的收益要低于种植棉花和种植粮食。2010 年国产苜蓿干草价格 1 800 元 / 吨，每亩地苜蓿

草产量是1吨左右，每亩地的生产成本950元左右，种苜蓿每亩地的收益是850元；棉花种植亩产量220千克，单价12元/千克，每亩地生产成本1 460元，种棉花每亩地收益1 180元；种粮食每亩收获玉米和小麦共900千克，玉米和小麦均价2.25元/千克，每亩玉米和小麦的生产成本1 100元，种粮食每亩地收益915元。

（2）解决方案：要从根本上解决苜蓿种植效益低的问题，就要找准影响种植效益的因素，并采取措施克服不利因素的影响。

①提高苜蓿草的价格。从2018年苜蓿草的价格看，国产苜蓿草的单价偏低是影响其效益的重要因素之一。2018年进口苜蓿的价格为3 000～3 200元/吨，而国产的只有1 800～2 200元/吨，如果国产苜蓿的价格能达到进口苜蓿草的价格，国内生产苜蓿的效益将大大高于种粮食和种棉花。国内苜蓿草价格低的原因是国产苜蓿草的质量与进口苜蓿草的质量存在较大差距，国产苜蓿草的粗蛋白质含量在18%～20%，进口苜蓿草的粗蛋白含量一般都在20%～22%，甚至更高。不仅如此，国产苜蓿的生产单元小，难以做到长期均衡供应，且不同批次草的质量变化较大，影响了国内苜蓿草使用者的应用积极性和出较高的价格购买国产苜蓿草。为科学解决这一问题，就要在扩大国产苜蓿的生产规模和提高苜蓿草的质量上下功夫。在此基础上，引导实现苜蓿草优质优价的定价机制。

②制定扶植苜蓿生产的政策。国家出台的粮棉生产补贴政策，对提高粮棉生产的效益和调动生产积极性发挥了重要的作用，但长期以来，缺少鼓励苜蓿生产发展的政策措施。为提高苜蓿产业化发展的水平和苜蓿种植的效益，应研究制定对苜蓿生产的良种补贴、收获加工机械补助等政策，平衡不同作物种植效益的差距。

③推广普及苜蓿科学技术。在苜蓿种植、收获和加工过程中，应用先进实用的科学技术，提高生产的科技贡献率，最大限度地降低生产成本，提高苜蓿生产的效益。

第四节 国外苜蓿产业发展的经验与借鉴

美国是全世界苜蓿种植面积最大的国家，苜蓿的种植面积仅次于玉米和大豆，与小麦种植面积相当，是第四大作物。苜蓿在美国草业生产中种植最广泛，草产品用于奶牛、肉牛、羊、家禽等畜牧生产所创造的畜牧业总值达1 400亿美元；美国苜蓿种植业和畜牧业的总产值占到农业总产值的55%~60%。除苜蓿干草外，美国还是苜蓿种子生产出口大国，美国每年苜蓿种子的产量为5万吨左右，总产值达2.2亿美元。在每年全球种子市场300亿美元的总值中，美国种子产业占20%的市场份额，是当今世界最大的种子生产出口大国，每年苜蓿种子出口量1万吨左右。美国发展苜蓿产业的主要经验：

一、打造苜蓿生产优势区域

美国农业生产的自然和地理条件十分优越，有利于苜蓿生长和开展规模化生产。美国在苜蓿产业发展上制定了科学规划，确立了苜蓿种植生产的优势区域，并根据苜蓿的生产用途和利用方式，如刈割青饲、收获打包青贮、直接放牧、加工苜蓿干草和用于种子生产等需要来确定种植面积。美国苜蓿种植生产划分为三个主要种植区，即中西部种植区、东北部种植区和西南部种植区。这三大区域中，东北部种植区和西南部种植区是美国主要的乳品产业带；中西部和西南部种植区是生产苜蓿干草饲喂肉牛、马和其他家畜的地区；中西部的苜蓿种植区还是苜蓿种子生产的主要区域，以加利福尼亚、爱达荷、内华达、俄勒冈、怀俄明和华盛顿等六个州为主，这六个州苜蓿种子的产量占全美苜蓿种子总产量的80%以上。

我们借鉴美国苜蓿产业发展经验，通过政府科学规划和政策引导，把苜蓿产业做起来，开发适合国情和市场需求的苜蓿产品，着眼于市场的容量，避免一哄而上、盲目发展。

二、以技术集成促进苜蓿生产优质高产高效

为了推进苜蓿产业发展高产高效，在苜蓿生产上，美国大力推广了许多实用技术。

(1)测土施肥技术：美国在苜蓿生产中，首先对土壤中的氮、磷和钾的含量进行测试，并根据测试结果对土壤养分采取相应的补充调整措施。同时，结合苜蓿的生产用途和产量目标，正确估计苜蓿对肥料的需求，找出缺乏或不足的肥料养分及时补给。苜蓿的目标产量提高，对肥料需求量就增加，相应地提高施肥量。苜蓿每次刈割后，都进行施肥，主要是磷钾复合肥，施用量每公顷450～600千克。

(2)测土调整酸碱度技术：苜蓿适宜生长的土壤pH为5～6。为获得苜蓿高产，一般通过对土壤pH的测定，调整土壤的酸碱度。在美国，对pH低于5的土壤，一般采取施用石灰的办法来调整土壤的酸碱度。石灰的用量可根据土壤pH的实际情况来确定，一般每公顷土地施2 000～3 000千克。在土地翻耕之前，将适量的石灰与有机肥如厕肥，一起均匀撒施在地表，然后翻耕、耙细、耙平土地。施用石灰调节土壤pH，不仅可以使pH达到适宜值，而且可以显著提高苜蓿对磷、钾肥的利用能力。

(3)精细播种技术：在美国苜蓿播种分为春播和秋播，春播时间为每年3～4月份，秋播时间为9～10月份。适量播种，苜蓿每公顷用量一般为11.5～15.0千克。苜蓿播种主要用带式播种机进行"满天星"式的撒播，播后用镇压机进行镇压，保证苜蓿种子与土壤充分接触，利于出苗和成苗。

（4）根瘤菌接种技术：在苜蓿播种前，常常对种子进行根瘤菌接种处理。在接种根瘤菌时，为确保接种效果，一般要确认菌剂的有效期，并严格按照菌剂使用方法和步骤进行接种操作，鼓励使用新鲜菌剂进行接种，同时避免在阳光直射情况下进行接种作业。苜蓿种子接种根瘤菌一般是当天播、当天接种、当天播完，如当天未播完，第二天播种时要重新接种。

（5）杂草防除技术：在美国，通常单个农场的苜蓿种植面积比较大，一个中等农场的种植面积为100～200公顷，因此人工除杂草比较困难。美国生产苜蓿的农场更多的是使用苜蓿专用除草剂，一般选择在杂草幼苗期进行喷施防除。

（6）大田灌溉技术：美国种植苜蓿的大田中都配备有喷灌系统，有的是移动喷灌系统，有的是固定喷灌系统。这些喷灌系统在干旱少雨的季节可以对苜蓿地进行定时限量喷灌，有效解除旱情，还能节约用水。

（7）适时收获技术：苜蓿收获时间对后茬产草量和再生都有显著的影响。在美国，苜蓿第一次刈割从初花期提前至现蕾期进行，这样可以显著刺激苜蓿根部生长和加速分蘖，提高苜蓿的产量。随后则根据天气、动力和劳力等情况，分别在初花期和盛花期刈割。

（8）轮作技术：为防止苜蓿重茬危害和充分利用苜蓿生物固氮的特性，应采用苜蓿与小麦、玉米、禾本科牧草轮作技术，每隔3～4年轮作一次。苜蓿每年每公顷可生物固氮450千克以上，可显著提高土壤肥力，在不施氮肥情况下，在苜蓿地上轮作的玉米、小麦仍能获得高产。

三、应用调制加工技术，制作适销对路的草产品

美国每年牧草的干草产量达1.45亿吨，其中苜蓿干草产量7 197.7万吨。苜蓿干草的加工产品主要是方草捆、草粉和草颗粒。在调制加工前，首先进行晾晒或干燥，获得干草。在美国，现行的苜蓿晾晒或干燥方法主要有两种：快速脱水干燥和自然风干。快速脱水干燥是将刈割的鲜草用烘干机快速脱水烘干，这种加工方法叶子脱落少，养分损失少，品质高，储存时间长，水分一般可以控制在20%以内，但加工成本较高。快速脱水烘干的苜蓿可以直接打捆，也可粉碎制作苜蓿草粉，也可以压成苜蓿草块或草颗粒。自然风干是将刈割后的苜蓿鲜草在大田成行整齐摊晒，自然风干后用打捆机收集打捆，这种晾晒方法由于叶片和茎秆干燥速度不一致，容易造成叶片脱落、养分损失。当苜蓿干草水分含量为20%时，进行打捆作业，苜蓿叶片损失达10%。为了减少叶片损失，在美国苜蓿进行打捆时，一是选择有经验的操作人员进行打捆作业，二是在中午或下午无露水的时间收集打捆。

美国根据苜蓿干燥、加工方式和获得的产品不同，将苜蓿产品做了如下分类：①人工干燥苜蓿。水分含量在60%以上，刈割的苜蓿鲜草经100℃以上高温人工干

燥40分钟所得到的苜蓿干草。②日晒干燥苜蓿。在自然条件下,利用太阳光和自然风干燥的苜蓿。③苜蓿叶粉。苜蓿叶片干燥后,经粉碎而制成的草粉。这种草粉粗蛋白质含量20%以上,粗纤维含量18%以下。④苜蓿叶片浓缩蛋白。将苜蓿的叶片进行化学提取,所获得的蛋白质和叶黄素含量较高的产品,可用作肉鸡和产蛋鸡的着色剂。⑤苜蓿干草块。将苜蓿干草压制成边长4厘米的正方形块状干草,主要用于饲养牛和赛马。

借鉴美国经验,我们要加快研发高性能的苜蓿草产品加工设备,提高密度,完善形状,提高实际运输量,降低加工运输成本。

四、打造成熟产业链,确保苜蓿产品质量

美国苜蓿产业发展,首先是打造成熟的产业链。美国苜蓿生产、销售环节少,只有农场主和贸易公司两个环节,甚至只有一个环节。大的农场主自己就有加工设备,不仅可以销售一次捆,还可以销售二次加密捆。如美国安德森牧草谷物有限公司有自己的苜蓿基地4.5万多公顷,每年生产65万吨苜蓿产品。

我们可以借鉴美国经验发展适度规模的苜蓿种植,科学解决人均几亩地,发展土地密集型产业存在的许多难以协调的问题。在苜蓿产业链条上,形成农民、加工企业、流通中间组织或销售公司等三个利益相关者共同体,组建能开拓市场和管理风险的草产品销售公司,以促进

苜蓿产业发展。

美国对苜蓿产品的质量都严格把关，生产销售的都是高质量的苜蓿产品。美国出口到中国的苜蓿主要是一级苜蓿和特级苜蓿，即使国内养殖自用，苜蓿质量也很好。在奶牛饲养中，通过直接增加苜蓿干草的饲喂量，可提高奶牛日粮的粗精比和奶牛的粗饲料采食量，提高奶牛的产奶量和繁殖性能，延长奶牛使用寿命，延长产奶高峰期，减少奶牛疾病和兽药投入，也能够充分展示优质苜蓿为集约化奶牛养殖带来的效益。

美国对苜蓿种子的质量把关也很严，根据苜蓿生产的实际需要，在苜蓿育种工作中，实现了从专门针对某一抗性到多种抗性、从单纯注重产量转向产量与品质并重的转变。除利用常规育种技术进行苜蓿育种外，美国科学家还利用细胞融合、基因工程等新技术进行了有益的尝试。为了保证苜蓿种子的基因纯度和品种真实性，美国早在20世纪40年代就建立了种子认证制度，由官方种子认证机构管理，每个州均设立种子认证机构。1986年苜蓿种子认证委员会出版了第一本《苜蓿品种秋眠级和抗虫性评比》手册，此后根据市场供应和参评品种情况每年推出更新版本。目前，美国每年出口苜蓿种子的认证比例已占总出口量的74%。

借鉴美国苜蓿生产和市场拓展的做法，我们需要在苜蓿产业发展上，将过去只追求产量而不顾质量的做法，转变为追求苜蓿质量、相对饲用价值与干物质产量并举的苜蓿产业发展模式。

五、不断开拓国际市场，促进苜蓿产品贸易

从国际市场看，苜蓿干草的需求量在逐年增加，目前全球的苜蓿干草产品年需求在1 000万吨以上，其中亚洲需求量500万吨以上。日本、韩国和中国所需要的苜蓿干草主要从美国和加拿大进口，我国近几年从国外进口的苜蓿中90%以上来自美国。美国积极开拓国际市场，已成为目前全球苜蓿种植面积最大、干草产量和出口收入最高的国家，全美的苜蓿草粉和草捆的年出口收入达5 000万美元。

我们要借鉴美国经验，结合我国生产实际，重点发展适度规模苜蓿种植，科学解决因人均几亩地难以发展土地密集型草产业的问题，协调好农民、加工企业、流通中间组织者或销售公司三个利益相关者的关系，组建能开拓市场和管理风险的草产品销售公司，共同促进苜蓿产业发展。

第二章

苜蓿种植制度与栽培模式

第一节　苜蓿种植制度

苜蓿种植制度亦称苜蓿栽培制度，是在当地自然条件、经济条件、生产条件下，根据苜蓿的生态适应性确定一年或几年内所采用的种植体系，涵盖苜蓿的熟制、种植结构与布局、复种与休闲、种植方式（包括间作、套作、单作、混作）、种植顺序（轮作、连作）。

苜蓿适应多种种植制度，并且可以获得良好的种植效果。一是可以充分利用水、土、光、热等自然资源，提高光能利用率。二是用地与养地相结合，充分利用土地，提高土地的产出率；同时改善土壤结构，提高土壤肥力。三是经济效益高，实现苜蓿大面积高产、稳产，做到低投入、高产出。四是可以优化作物布局，促进生态系统良性循环。

苜蓿作为多年生豆科饲料作物，合理的种植制度有利于土地、劳力等资源最有效利用，并取得当地当时条件下生产的最佳社会、经济效益，有利于协调种植业内部各种作物，如粮食作物、经济作物与饲料作物之间，自给性作物与商品性作物之间，夏收作物与秋收作物之间，用地作物与养地作物之间等的关系，促进种植业、畜牧业、林业、农副产品加工业等的全面发展。

第二节　不同土地苜蓿栽培技术

苜蓿适应性广，可以在不同类型的土地上种植，并开展生产，但不同土地上种植苜蓿的技术要求不同。

一、盐碱地苜蓿栽培技术

盐碱地是指土壤里面所含的盐分影响作物正常生长，并且盐类在土壤中集积的一种土地类型。根据联合国粮农组织不完全统计，全世界盐碱地的面积为9.5438亿公顷，其中我国9 913万公顷。我国碱土和碱化土壤的形成，大部分与土壤中碳酸盐的累积有关，因而碱化度普遍较高，严重的盐碱土壤植物几乎不能生存。山东省盐碱地分布广泛，可分为滨海盐碱地和内陆盐碱地两种类型，总面积为59.26万公顷，主要集中分布在东营、滨州、潍坊和德州市。其中轻度盐碱地26.55万公顷，占44.80%；中度盐碱地17.18万公顷，占28.99%；重度盐碱地面积达

15.53万公顷，占26.21%。盐碱地是重要的土地资源，在盐碱地种植苜蓿，要因地制宜，综合运用多种措施对盐碱地进行改良，使之能够种植苜蓿且确保苜蓿生长。盐碱地物理改良、肥料合理施用以及选择耐盐及侧根型品种均是可以考虑的措施。

1. 盐碱地改良与整理技术

盐碱地种植苜蓿，需要改良和处理土壤。

（1）洗盐与排盐技术：排盐与洗盐就是把水灌到盐碱地里，使土壤盐分溶解，通过下渗把表土层中的可溶性盐碱排到深层土中或淋洗出去，侧渗入排水沟加以排除。主要的盐碱土改良措施包括单纯排盐、单纯洗盐及洗盐、排盐相结合三项技术。单纯排盐技术包括明沟排水、暗管（沟）排水、竖井排水、机械排水（扬排提排）以及构建沟洫台条田等；单纯洗盐技术包括灌水冲洗和围埝蓄淡等；洗盐、排盐相结合技术包括井灌井排、井渠结合和抽咸补淡等。水洗排盐措施也有局限性，即在地表缺乏流量较大的河流、地下水又不很丰富的干旱、半干旱地区难以施行。在底土含盐量明显低于表土的情形下，深翻措施可以起到较好的改土作用。

（2）土地整理防止返盐碱技术：对土地进行整理，特别是整平地面，可以使水分均匀下渗，提高降雨淋盐和灌溉洗盐的效果，防止土壤斑状盐渍化。对土地进行深耕深翻，盐分在土壤中的分布情况为地表层多、下层少，经过耕翻，可把表层土壤中的盐分翻扣到耕层下边，把下层含盐较少的土壤翻到表面。翻耕能疏松耕作层，切断土壤毛细管，减弱土壤水分蒸发，有效控制土壤返盐。盐碱地翻耕的季节最好是春季和秋季，因为春、秋是返盐较重的季节。秋季耕翻尤其有利于杀死病虫卵，清除杂草，深埋根茬，促进有机质分解和迟效养分的释放。耙地可疏松表土，截断土壤毛细管水向地表输送盐分，起到防止返盐的作用。耙地要适时，要浅春耕、抢伏耕、早秋耕、耕干不耕湿。

（3）施用肥料改良技术：一是有机肥改良技术。盐碱地一般有低温、土瘦、结构差的特点，有机肥经微生物分解、转化形成腐殖质，能提高土壤的缓冲能力，并可和碳酸钠作用形成腐殖酸钠，降低土壤碱性。腐殖酸钠还能刺激植物生长，增强抗盐能力；可以促进团粒结构形成，从而使孔度增加，透水性增强，有利于盐分淋洗，抑制返盐。有机质在分解过程中产生大量有机酸，可以中和土壤碱性，还可加速养分分解，促进迟效养分转化，提高磷的有效性。有的盐碱地是由于农耕操作不当，大量施用化肥，忽视有机肥的施用，使得土壤肥力衰退，进而土壤透气性降低而形成的。对次生盐碱化土地，主要技术措施是减少化肥的用量，可选择养分全、含量高、用量少、利用率高的全水溶性速效肥进行冲施。二是有机肥配合化肥混合冲施技术。冲施有机肥可选择发酵的农作物秸秆、腐熟的动物粪便，在改良土壤的同时避免造成种植苜蓿烧根熏苗或引发病虫害等问题。有机肥不宜连续冲施，应与化肥搭配施用，可采用混合冲施或轮换冲施的方法。三是化肥改良盐碱技术。化肥可增加土壤中氮、磷、钾的含量，促进植物生长，提高植物的耐盐力。施用化肥可以改变土壤盐分组成，抑制盐类对植物的不良影响。盐碱地施用化肥要避免施用碱性肥料，如碳酸氢铵、钙镁磷肥等，可以选用硫酸钾复合肥等微酸性肥料，改良盐碱地效果良好。四是降低土壤 pH 的矿肥改良技术，如石膏改碱颇为有效。除石膏外，硫黄、磷石膏、亚硫酸钙以及绿矾、风化煤、煤矸石等改碱效果也较好。过磷酸钙是酸性肥料，对降低 pH 有一定作用，硫酸铵和硫酸铁等肥料也有类似作用。五是增施生物菌肥技术。生物菌肥多具解磷解钾的功效，虽然养分含量少，但可将土壤中固定态的磷、钾释放供苜蓿吸收利用，起到降解盐害、促进苜蓿生长的作用。

2. 盐碱地播种技术

苜蓿盐碱地种植为了获得高产，除要做好盐碱地的治理外，还需要在品种选择、种植方式和管理上下足功夫。

（1）选择品种：通过田间种植对比试验，耐盐性较好的品种有地方品种无棣苜蓿、进口品种金皇后等。这些品种适合轻度 0.35% 以下的盐碱地种植，产量可以达到较高的水平。

（2）种子处理：晒种 3~5 天，当年种苜蓿的田地需接种根瘤菌，一般采取种子包衣的方法，黏着剂将根瘤菌剂、微肥等包到种子上。也可用根瘤菌直接拌种，每千克菌剂可接种苜蓿种子10千克左右。

（3）控制播种量。种子净度纯、大小均匀、发芽率高的种子，每亩播种量可掌握在1.0~1.5千克。质量较差的，亩播种量适当增加。土壤墒情和土质较好的地块，亩播量适当降低。

（4）播种时间：苜蓿最适宜的播种时间是8月中旬至9月下旬，最晚不要超过9月底。这样，冬前苜蓿株高可达5厘米，具有一定的抗寒、抗旱能力，翌年返青早，比春播可多收一茬草。有灌溉条件的地块冬前灌水一次，以安全越冬，翌年早发。

（5）播种方式：苜蓿播种方式有条播和撒播，一般采用密垄稀植，行距20~25厘米，既可增加覆盖，提高产量，又便于田间管理。

（6）足墒播种：含盐量较高的地块要灌水洗盐再播种，墒情不足的要造足底墒。苜蓿播种深度一般掌握在2~3厘米。

3. 盐碱地苜蓿苗期管理技术

苜蓿出苗后，缺苗断垄的要及时补播。苜蓿幼苗期不宜过早灌溉，株高5厘米以上时可适度浇水，以当天能渗到地里不见明水为宜。苜蓿生长期间，应适当追施磷、钾等复合肥，以提高苜蓿的质量和产量。

二、农田苜蓿种植技术

苜蓿为豆科多年生牧草，一般以收获饲草为主要目

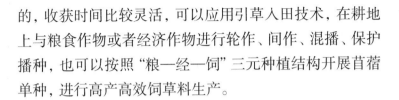

的，收获时间比较灵活，可以应用引草入田技术，在耕地上与粮食作物或者经济作物进行轮作、间作、混播、保护播种，也可以按照"粮—经—饲"三元种植结构开展苜蓿单种，进行高产高效饲草料生产。

1. 轮作技术

轮作技术是在农业生产过程中，将计划种植的苜蓿和农作物按其特性和对后茬作物的影响排成一定顺序，在一定的田块上依次周而复始轮换种植。苜蓿种植一次可以连续利用6～8年，根部具有大量根瘤菌，固氮能力强，可以提高土壤肥力，改良土壤。据测定，种植苜蓿4年后，地表22厘米的土层内有机质含量为2.88%、含氮量0.12%，而小麦茬地的有机质含量仅0.998%、含氮量仅0.09%。在轮作中，种植苜蓿3～4年后再种植2～3年粮油作物（小麦、玉米、谷子、大豆等）具有良好的增产增效作用。以小麦轮作为例，种植3～4年苜蓿的地块，后茬种植小麦可增产35%～60%。这说明苜蓿与粮食作物轮作，不仅可以改良土壤，提高土壤肥力，还可以提高后茬作物的产量。苜蓿耐盐碱能力较强，土壤含盐量为0.2%～0.3%时仍能正常生长，如耐盐碱品种金皇后在土壤含盐量为0.3%时仍良好生长发育，可以用于改良利用盐碱地。苜蓿生长旺盛，竞争能力较强，能控制农田杂草和病虫害的发生。农田杂草和病虫害一般与一定的作物有着伴生或寄生关系，如果与苜蓿进行轮作，则会使某些杂草和病虫害因失去合适的寄主而死亡。

合理轮作，能够均衡、合理地利用人力或机具设备，不断提高劳动生产率，降低产品成本；可以促进苜蓿种植与农业种植相融合，可以促进农牧有机结合，起到种地养地的作用，可以改善农田生态环境。

2. 间作技术

间作是将苜蓿与两种或两种以上的作物按照一定的种植宽度相间种植，能够充分发挥边际效应，达到增产的目的。可与苜蓿进行间作的作物有玉米、高粱、谷子、燕麦等高秆作物，也可是土豆、红薯、花生等矮生作物。

3. 混作技术

混作是将苜蓿与两种或两种以上的牧草进行同行或间行播种。苜蓿常与无芒雀麦、鸭茅、猫尾草、羊茅、多年生黑麦草等禾本科牧草进行混播，混播草地产草量较单播高而稳定。苜蓿与无芒雀麦、鸭茅、高羊茅混播时分别比单播增产16.1%、12.4%、23.2%。混播草地地上部分在空间上配置合理，能充分利用土壤中的水分和养分，禾本科牧草还可利用苜蓿固定的氮素，因而增加牧草的含氮量。混播草地年度间产量比较稳定，耐牧性强，草地持久性强。

4. 保护播种技术

保护播种是将苜蓿种在一年生作物之下的种植方式。其优点是一年生作物有了苜蓿的保护，可以减少杂草对幼苗的危害，减轻阳光暴晒，减少水土流失，同时还可增收一茬粮食或经济作物。但也有缺点，主要是苜蓿生长后期与作物争光、争水、争地，从而影响作物或苜蓿生长。苜蓿常用小麦、大麦、燕麦、荞麦、豌豆、胡麻和油菜等进行保护播种，注意在保护性种植时作物的播种量要减少为正常播种量的1/2左右，以减小竞争力。

5. 农田单种苜蓿技术

将苜蓿作为单一作物进行种植，充分利用光、水、土等自然资源，为畜牧业发展提供优质的饲草料，促进苜蓿产业化、规模化和标准化水平的提高。

三、树下林地苜蓿种植技术

在树下林地种植苜蓿有多方面作用，如地力提升、增产增效，苜蓿种植技术与其他土地类型种植也存在差异。

1. 树下林地种植苜蓿的作用

（1）蓄水保墒：当农田冲刷量为100%时，苜蓿草地的冲刷量仅为6%，减少流失量94%，加上苜蓿地林木的缓冲、固结作用，可最大限度地减少水土流失，接纳雨水，下渗到土壤深层，避免雨水和土壤养分大量流失。

（2）培肥地力，促进树木生长：苜蓿具有豆科植物生物固氮解磷的特殊功能，林地树下种植苜蓿能有效提高土壤有机质含量，增加氮、磷等速效养分，加上蓄水供水功能的增强，可改善树木对水和肥的需求，促进林木健康生长。

（3）增加经济效益：林草协调生长，使田间小气候更适合树木生长，提高经济林的果实产量和产品质量，增加了效益；林地树下苜蓿年收鲜草22.5～24吨/公顷，用苜蓿饲养草食畜，可更好地使农民增收。

2. 树下林地苜蓿种植技术

开展林地树下种植苜蓿，首先要做好规划，统筹林、草、粮、经立体配置，果、饲、畜、肥有机结合，构建能够实现生态良性循环、经济持续发展的开发模式。

林地树下种植苜蓿要先确定树种，根据树种再种苜蓿。为了保证苜蓿能够达到生长和生产的目标，林地树下种植苜蓿技术如下：

（1）整地和施肥：苜蓿籽粒细小，不论何时播种，都必须精细整地。结合浅耕灭茬，施入1.0～1.5吨/公顷磷肥、15吨/公顷农家粪肥作底肥，施用后立即耙耱保墒待播。

（2）播种量：林地树下种植苜蓿的播种量视树种和种植密度确定，一般比单播苜蓿减少30%～50%。大株型树种，如核桃、柿树，行株距5米×6米，地面空间大，播量15千克/公顷；中株型树，如苹果、梨、桃等，株行距3米×5米，播量11.25千克/公顷；密植的松、柏、杉、杨等树种及密植桑园，株行距一般2米左右，播量7.5千克/公顷。

（3）种子处理：播前将苜蓿种子晾晒1天，促其萌发，然后用碾子擦破种皮，用根瘤菌剂接种。

（4）播期：林地树下种植苜蓿可在早春土壤墒情好、地温回升时春播，也可以在秋季气温下降、土壤墒情好时进行秋播，播后苜蓿幼苗生长45～60天。

（5）播种方式：林地树下种植苜蓿，视林地坡度情况选择播种方式。坡度30°以下的耕地，人工撒播，往返两次，力求均匀，然后耱平地表，予以镇压；坡度大于30°的陡坡地，采用水平沟播法，沿土地水平方向开挖浅沟，沟距25～30厘米，沿沟溜种，然后浅覆土3厘米并压实。

（6）管理技术：林地树下种植苜蓿，出苗密度应以150～200株/米^{2}为宜。苜蓿苗期生长缓慢，杂草往往滋生，应人工除草，最好不要使用化学除草剂。若底肥不足则苗弱，应于雨前追施速效氮、磷肥料150千克/公顷，或叶面喷施磷酸二氢钾5～10千克/公顷。苜蓿苗期应加强管护，切忌畜禽进地采食。林地树下夏季无酷暑，苜蓿长势正常，蚜虫较多，但同时又有瓢虫等天敌抑制，因而一般不用任何农药。

四、果园种植苜蓿技术

果园种植苜蓿对果品生产提质增效具有重要作用，但果园地微环境的特殊性决定了果园苜蓿种植技术有特殊要求。

1.果园种植苜蓿的作用

（1）保根省工：果园种植苜蓿可避免连年深翻的麻烦。果园种植苜蓿不需要深翻，因为不深翻，土壤的团粒结构不会被破坏，果树根系也不会被破坏。

（2）保土涵水：果园种植苜蓿能防止水土流失，涵养水分和营养，降低土壤贫瘠风险。

（3）透气节水：果园种植苜蓿可少浇水或不浇水，避免土壤板结。降雨时，水分能渗下去，而蒸发量少，可保持土壤长期湿润。由于浇水次数减少，土壤通气性良好。

（4）提高营养的利用率：果园种植苜蓿，苜蓿可以将表层土壤养分吸收利用，最终归还土壤，为果树提供营养。

（5）增加土壤有机质，改善土壤理化性质：果园种植苜蓿，土壤有机质增加，土壤有机质提高对增加产量和改善果实品质有重要作用。

（6）减少果树病虫害：果园种植苜蓿后，苜蓿可以成为一部分害虫聚集区，从而减少对果树的危害。

（7）调节微生态环境，改善果园小气候：果园种植苜蓿后，夏秋季园内温度比不种苜蓿要低2~3℃，有利于避免果实因高温引起日灼，同时果园种植苜蓿可以加快果实后期着色。

2.果园种植苜蓿技术

要在保证果树正常生长和生产的前提下，开展苜蓿种植。

（1）播种时间与用种量：苜蓿种植一般秋播，播种时，每亩用种量一般为1.0~1.5千克。

（2）播种方法：一般采取条播，行距20~30厘米，也可以撒播或穴播。播种时，种子应提前晾晒1天，以促进萌发。

（3）田间管理：苜蓿秋播后，一般野草已结籽枯萎，除草工作较少，但如遇天旱，应注意及时浇水保墒。

（4）适时刈割：苜蓿长到30~40厘米高时可以开始刈割，留茬5~6厘米。

第三节　苜蓿复合种植技术

苜蓿为多年生作物，生产管理中除了要考虑土壤类型、土壤肥力、品种选择、病虫害及杂草管理、收获方式外，还要考虑苜蓿与其他作物的复合种植方式与技术。

一、轮作种植技术

为提高土地、阳光和水资源的利用效率，苜蓿可以与其他作物开展轮作种植。苜蓿轮作种植要考虑三个方面的因素，一是前一年或者上一茬作物秸秆残留对苜蓿播种过程的影响，二是前一年或者上一茬作物会影响土壤质地，三是前一年或者上一茬作物生产中除草剂、农药等残留对苜蓿生长的影响。苜蓿与其他作物轮作的优选方案有四个，第一个方案苜蓿的前茬作物是大豆，第二个方案前茬作物选择青贮玉米，第三个方案前茬作物选择粮食玉米，第四个方案前茬是饲料作物，接茬种植苜蓿需要考虑苜蓿的化感作用以及自体毒素的问题。一般应先种玉米、大豆或其他作物，进行轮作后再种苜蓿。

（1）大豆后茬种植苜蓿轮作技术：春天耕作时用联合整地机进行碎土平整，合墒保墒；同时利用土样分析仪测定土壤磷、钾、硫等的含量以及土壤酸度，进而根据土样分析报告的结果合理确定施肥方案。春天施肥，在播种前要用三福林等灭草剂消除杂草。当没有混播作物时，耕作要注意撒肥料，轻耕耘、喷药，同时用带有碎土镇压器的播种机进行苜蓿播种。

（2）青贮玉米后茬种植苜蓿轮作技术：青贮玉米后茬种植苜蓿，从土壤质地上看，可能没有前茬种植大豆好。青贮玉米收获后，土壤有压实层的问题时，可以考虑前一年秋天对土地进行耕作处理，春季再播种苜蓿。

（3）粮用玉米后茬种植苜蓿轮作技术：粮用玉米后茬种植苜蓿，秋天粮用玉米收获后，用旋耕切割玉米秸秆，减少秸秆和玉米茬的长度，田间撒肥料或石灰。春天用联合整地机和碎土镇压机整地，保障土壤质地，并使残留秸秆得到处理，以利于播种苜蓿。在苜蓿生产过程中，适时追肥。

二、苜蓿宽窄行种植模式与技术

苜蓿采用宽窄行即等三角精播模式，可以提高肥、水、光、热等的利用率，从而得到更高产量。当行距为75厘米时阳光利用率仅为30%，当行距为50厘米时阳光利用率提高到68%，而当采用双行种植模式时阳光利用率高达90%。

三、苜蓿与春玉米轮作技术

苜蓿轮作是按一定次序，有计划、周期性轮换种植苜蓿和其他作物的耕作制度。以粮食生产为主的轮作，苜蓿种植2~3年；以饲草生产为主的轮作，苜蓿种植4~6年。轮作中需氮素多的作物安排在苜蓿种植之后，可充分利用苜蓿根瘤菌固定的氮素，还可利用苜蓿残体作为绿肥，增加地力。苜蓿安排在中耕之后，有利于防止杂草和病虫侵害。常见的苜蓿轮作模式为苜蓿与小麦、玉米轮作。在沿海滩涂或低山丘陵中低产田应用苜蓿、春玉米轮作模式，一般是苜蓿生长5~6年后翻压种植春玉米2年，然后再按次序、年份轮换种植苜蓿、春玉米。

苜蓿与春玉米轮作，一般在9月中下旬苜蓿刈割后进行翻压，苜蓿留茬10~15厘米，翻耕深度30厘米以上，要尽量彻底切断苜蓿根系；翻耕后每亩灌水30~50米^3，再施入石灰4~5千克。翻耕要注意保墒、深埋、严埋，使苜蓿残体全部紧实埋入土壤中。翻耕时，要加杀虫农药，以减少地老虎等害虫对玉米的危害。待苜蓿再生至苗期，喷施75%二氯吡啶酸可溶性粉剂1 500~2 500倍液，除杀苜蓿。种植玉米时，底肥每亩施尿素5~6千克、磷酸二铵8~10千克、硫酸钾4~7千克、硫酸锌1.0~1.5千克，玉米生长至大喇叭口期每亩追施尿素10~15千克。玉米的田间管理技术与常规春玉米生产基本一致。

四、苜蓿与玉米间作技术

为了避免玉米重茬连作减产问题的发生，提升耕地质量，防止水土流失，解决冬春季节土地裸露形成扬尘和沙尘的问题，将苜蓿引入农田，形成"禾本科—豆科"间作的高效复合种植模式。

苜蓿与玉米间作技术是将苜蓿、玉米进行条带间作种植。苜蓿带宽1.8米，种植6行；玉米带宽2.6米，种植4行。苜蓿先播种，播种时间为3月底4月初，播种量每亩为1.0千克，播前施用复合肥，肥料中N、P、K的比例为1∶3∶2，或根据测土施肥结果进行施肥。玉米播种时间一般为5月底6月初，采用宽窄行种植，宽行70厘米，窄行40厘米，种植密度每亩3 500～4 000株，玉米的田间管理与常规玉米种植相同。

苜蓿与玉米间作，是将豆科、禾本科作物耦合在一起，高秆、矮秆作物组种在一起，浅根、深根作物配置在一起，阔叶、小叶搭配在一起，形成优势互补。玉米是禾本科、高秆、阔叶、浅根、需氮肥的一年生作物，苜蓿是豆科、矮秆、小叶、深根、固氮的多年生作物。苜蓿与玉米间作种植，可形成良好的边际效益，可以充分发挥光、热、水、气资源，显著提高复合群体的土地利用率和光能利用效率，有效提高单位面积玉米、苜蓿的产量。苜蓿是富含粗蛋白质的饲草，玉米籽粒是高能量饲料且其秸秆可利用的营养价值也相当可观，苜蓿与玉米搭配，可满足不同种类畜禽的营养需求。苜蓿多年生，冬春季节可留茬覆盖土地，有利于减少扬尘和土壤风蚀，在雨季可以减少地表径流，防止水土流失。苜蓿与玉米间作种植，会影响田间机械化作业的水平与效率。同时，由于苜蓿是多年生作物，播种当年生长缓慢，一定要早于玉米播种，否则玉米遮阴，苜蓿生长会受到影响，影响产量和质量。在灌溉时，要区分苜蓿与玉米的需水量差异，苜蓿可以适当减少灌溉，而玉米需水多，需要及时灌溉补水，以免影响玉米产量。

五、苜蓿与冬小麦间套种技术

2015年10月8日，翟桂玉团队在垦利王旭山农场开展了苜蓿间套种冬小麦试验。为探索苜蓿地增产增收新途径，翟桂玉团队首次在133公顷苜蓿地套种冬小麦，喜获成功。到2017年，连续三年获得饲草生产大丰收，饲草产量大提高，苜蓿长势喜人。

苜蓿间套种冬小麦试验包括两个方面。一是苜蓿地套种小麦。主要是针对冬小麦和苜蓿秋季播种、生育期和生长习性相近的特点，在9月底10月初秋季播种时就把冬小麦套种到苜蓿地里，等到翌年5月中下旬苜蓿头茬收获时，冬小麦达到灌浆期，可以将苜蓿与冬小麦一起收获，制作干草或者青贮饲料，增加饲草产量。二是冬小麦田间套种苜蓿。根据冬小麦田春季播种苜蓿，生育期和生长习性互不影响的特点，在4月初至5月中旬将苜蓿套播进麦田，等到5月下旬至6月初小麦收割时，高茬收割，既保证了小麦的收割，又使苜蓿能正常生长，可以延长苜蓿当年的生长期。采用冬小麦套种苜蓿的方式，可使小麦、苜蓿实现双丰收，在不影响小麦产量的情况下，苜蓿亩产干草800千克，可获产值1 200元，扣除田间物化成本，冬小麦田套种苜蓿每亩可增收400余元。

六、冬牧70黑麦伴生苜蓿种植技术

冬牧70黑麦种植容易、适应性广，建植迅速，饲草产量高，可作为苜蓿伴生作物的首选品种。冬牧70黑麦能够多次刈割，而刈割时间与苜蓿基本接近，与苜蓿有良好的伴生性。

（1）冬牧70黑麦套播苜蓿种植的作用：冬牧70黑麦套播苜蓿有良好的效果。一是有效防止水土流失和抑制杂草生长。冬牧70黑麦与苜蓿同期播种，出苗比苜蓿快，可与杂草形成竞争，减少杂草数量。田间种植表明，冬牧70黑麦与苜蓿同期播种，冬牧70黑麦和苜蓿建植期内可以不用除草剂除草。二是第一次收割收获的饲草质量和产量均有所提高。生产实践表明，冬牧70黑麦与苜蓿混合播种，第一次刈割的干草亩产量较单播苜蓿提高10%～18%。而冬牧70黑麦对于饲草质量的改善不仅表现在粗蛋白、ADF、NDF含量指标的改变，而且冬牧70黑麦套播苜蓿可消化的中性洗涤纤维较单播苜蓿提高了10%，适时收获，混合饲草相对质量也得到了明显改善。

（2）冬牧70黑麦套播苜蓿种植技术：为在建植当年获

50

得质量优、产量高的饲草，需要掌握适宜播种量，冬牧70黑麦播量过大会影响次年苜蓿产量。试验获得的适宜播种量，苜蓿亩播量1.0~1.5千克，冬牧70黑麦亩播种量为3.0~3.5千克。这一播种量还要考虑土壤类型和气候条件，在寒冷黏重的土壤上宜降低播种量，而在干旱的沙壤土上应适当增加播种量。冬牧70黑麦套播苜蓿时，一般采用条播。9月底10月初播种，第二年返青后50~60天进行第一次刈割，以后每30天左右刈割一次。初次刈割应尽量接近地面，这有助于减缓冬牧70黑麦的再生，且不会影响苜蓿正常生长。

七、苜蓿与油葵套种技术

油葵比一般的葵花要低、生长期要短，与苜蓿套种，可对苜蓿幼苗起到保护作用。在风沙多发的春季，可防沙护苗，提高出苗率；炎热夏季，可以遮阳护苗，使苜蓿幼苗的成活率提高，从而提高苜蓿的产量。

苜蓿与油葵套种可以因地制宜开展，具体流程环节要把握以下要点：①选地倒茬。选择油葵能够生长的盐碱地、瘠薄地以及土地肥力中等的地块，并实行三年以上轮作。②选用良种。油葵选用产量高、商品性好的杂交品种，苜蓿选用阿尔冈金、金皇后等优质高产品种。规范种植。选用宽140厘米的地膜，一膜种4行苜蓿，苜蓿行距为40厘米，株距为10厘米，每亩约播17 000穴，每穴10~25粒，亩播量为1.0~1.5千克。4月中旬在苜蓿行间点播油葵,一膜3行,株距45厘米,每穴单粒,亩播量0.5千克。③运筹肥水。春播时亩施磷肥65千克、氮肥20千克、硫酸钾10千克作底肥,追肥两次,在油葵现蕾期和开花期分别结合灌溉追施尿素10千克,全生育期共灌溉3~4次。④病虫害防治。在油葵开花前使用20%速灭杀丁3 000倍液防治油葵螟,在现蕾后开花前用50%甲基托布津800倍液防治油葵枯萎病。⑤适期收获。油葵在成熟后及时收获、脱粒、晾晒,籽粒水分小于12%、杂质不大于2%时装贮待售。苜蓿要适期收割、晾晒,留茬高度不低于6厘米,冬前收割应保证留茬苜蓿越冬安全。

八、苜蓿与饲料作物混播技术

苜蓿与其他牧草或饲料作物混播,可以发挥牧草间的互补优势,提高资源的利用率和优质饲草的产量。

1. 牧草多品种混播

已经实践成功的播种组合是苜蓿 + 红豆草 + 披碱草 + 无芒雀麦,亩播量分别为0.5千克、1.5千克、0.7千克和1.5千克。播种前耕翻、耙糖,平整土地,消灭杂草。4月初至4月中旬播种,披碱草和无芒雀麦同行条播,行距20厘米,播深2~4厘米;红豆草和苜蓿在披碱草和无芒雀麦条播后撒播,播深2~3厘米。播种当年灭鼠虫、除杂草。

豆科牧草和禾本科牧草混播,可提高牧草产量,亦可改善青干草品质,提高干草中粗蛋白质的含量。但播种工序较麻烦，管理不当易演替为单科草地。播种第一年红豆草可生长至现蕾期，苜蓿生长至分枝期，披碱草和无芒雀麦可长至抽穗期时，进行刈割收获。无芒雀麦从第二年起数量逐步减少，第三年几乎消失；苜蓿和红豆草从第三年起生产性能优势逐步得以发挥。应通过施肥、管理和利用方式等来调节演替过程，使其向有利方向发展。

2. 苜蓿＋红豆草混播

苜蓿＋红豆草混播是选择红豆草和苜蓿为混播草种，播种前施足底肥，耕翻、耙糖，平整土地，灭除杂草。3月底4月初播种，苜蓿和红豆草的亩播量分别为1.5千克和4千克。混播时先条播红豆草，播深5厘米，行距20厘米，后撒播苜蓿，播后耙糖平整。

苜蓿因含有皂素，易引发反刍家畜臌胀病，而红豆草的茎叶因含有单宁，可避免反刍家畜得臌胀病，两者混播既可提供蛋白质饲草料，又可防止反刍家畜得臌胀病。苜蓿和红豆草混播可获得持久高产的多年生豆科人工草地。为防止杂草危害苜蓿，应及时除杂草。

第三章
苜蓿高产栽培与管理技术

苜蓿是一种相对容易栽培的作物，在条件不理想的苗床上面，即使杂草侵扰或灌溉不当也不会阻挡苜蓿生长。但不要误以为苜蓿是万能的草，对恶劣条件都能抵抗，可以随意种植成功、获得理想的生产效果。种植苜蓿最终目标是获得较高的苜蓿产量和种植效益，要实现这一目标，就要做好苜蓿栽培和管理，推广应用高产栽培和高效管理技术。

（1）保苗壮苗技术：苜蓿种子的播种深度影响苜蓿出苗，所以种植者需要测试苗床土壤是否实落。当人踩在备播的土地上，踩踏下陷的深度为2~3厘米时，这个深度就是苜蓿种子应该播种的深度，一般播种后60%的苜蓿种子播种在2~3厘米的深度。秋播比春播好，秋播可以收获更多饲草而且杂草也相对要少些，土壤有充沛的水分。

(2)杂草早控技术：种植苜蓿需要除草，这是种植者容易忽略的问题，一般情况下重视不够，不像农田管理防除杂草那样及时。在苜蓿生产中，控制杂草越早使用除草剂越好，这样可以减少杂草对苗期苜蓿生长的影响，使苜蓿的幼苗成长更快，从而更早达到收获期，保证草产品及时上市销售。苜蓿田中杂草冬季防除是关键，在传统苜蓿生产过程中，除草剂一般用在苜蓿草停止刈割后，这样可以降低苜蓿产草量的损失。

(3)测土施肥技术：苜蓿种植者要根据土地类型、肥料状况和苜蓿种植时间长短，因地制宜施肥。尽量进行测土施肥，避免每年都用相同配方的肥料。土壤肥力测试和配方施肥应结合进行，使苜蓿种植者知道土壤缺少什么营养，然后调整施肥方案，以便与土壤相匹配。

(4)产量最大化技术：苜蓿草销售是按重量来计算的，优质品种和普通品种之间的差价实际上很小，所以选择种植高产品种是非常重要的。

(5)灌溉统筹技术：要根据季节和天气变化确定苜蓿灌溉的时间和灌溉量。一般春季会缺水，需加强灌溉，这样能获得更高的产量和效益。夏季降水量大，可以减少灌溉，但是苜蓿本身夏季需水量要高于其他季节。在秋季也不要过度灌溉，特别是两次收割之间要合理灌溉。

第一节　苜蓿灌溉技术

苜蓿是一种易灌溉的饲料作物,喜水但忌积水,积水会导致烂根,造成植株死亡。因此,灌溉技术对苜蓿生产非常重要。

一、苜蓿的需水量与灌溉量

1. 苜蓿的需水量

苜蓿生长需要消耗大量水分,每生产1千克干物质需水800克,正常生长需要土壤含水量在60%~90%。

苜蓿不同生育期的需水量存在差异,从子叶出土至茎秆形成期,田间持水量保持在80%为宜,现蕾期至初花期为70%~80%,开花期至种子成熟期为50%左右,越冬期为40%。

2. 苜蓿灌溉量

苜蓿茎叶繁茂,蒸腾面积大,需水量多于一般作物,每亩年灌溉量约为250米^3,一次80米^{3}左右。当苜蓿灌水量为土壤持水量的50%~60%时,生长最为适宜。苜蓿是否需要灌溉,可以观察叶色变化。叶色呈现淡绿色,说明水分供应适量;叶色变深,说明出现缺水现象。

苜蓿种植第一年,播后当天立即灌水,3片真叶、5厘米株高时进行保苗浇水,降水偏少时一般20~25天灌水一次。

苜蓿种植第二年，可以结合刈割，每次刈割后进行灌溉，也可以根据降水情况，在较干旱的季节每月灌溉一次。但在刈割前15天不宜灌水，刈割后7～10天内灌溉一次；保护性播种苜蓿的地块，保护作物收割后立即灌水。

每年"立冬"前和返青后，要对苜蓿浇灌越冬水和返青水，苗期避免大水灌溉。生长期内不宜勤灌，避免烂根，雨季低洼处注意防涝、排渍。

二、苜蓿渗灌技术

为提高苜蓿种植产量和效益，可推广苜蓿种植渗灌技术。

渗灌技术即地下灌溉技术，是利用地下管道将灌溉水输入田间埋入地下一定深度的渗水管道内，借助土壤毛细管作用湿润土壤，为苜蓿灌水。

渗灌技术在苜蓿生产中应用，灌水后土壤仍保持疏松状态，不破坏土壤结构，不产生土壤表面板结，能为苜蓿提供良好的土壤水分状况；地表土壤湿度低，可减少地面蒸发；管道埋入地下，可减少占地，便于交通和田间作业，可同时进行灌水和农事活动；灌水量省，灌水效率高；能减少杂草生长和植物病虫害；渗灌系统流量小，压力低，可减小动力消耗，节约能源。

渗灌技术需要解决的问题，一是表层土壤湿度较差，不利于苜蓿种子发芽和幼苗生长，但苜蓿为深根作物，渗灌能促进生长；二是投资高，施工复杂，且管理维修困难，一旦管道堵塞或破坏，难以检查和修理；三是易产生深层渗漏，特别对透水性较强的轻质土壤，易产生渗漏损失。

渗灌技术在苜蓿生产中应用，苜蓿干草亩产可达到1 000~1 500千克，较大水漫灌的种植方式增产一倍以上，且用水量仅为传统漫灌模式的1/3左右。另外，传统种植方式1个人可管理土地6.67~13.33公顷，而通过渗灌技术种植，1个人可管理土地33.33~53.33公顷。既降低了人员管理成本，节约了用水量，又利于苜蓿生产增产增效。

三、苜蓿喷灌技术

喷灌技术是把由水泵加压或自然落差形成的有压力的水通过压力管道送到田间，再经喷头喷射到空中，形成细小水滴，均匀地洒落在苜蓿地里，达到灌溉的目的。一般来说，明显的优点是灌水均匀，少占耕地，节省人力，对地形的适应性强，并且使苜蓿地灌溉从传统的人工作业变成半机械化、机械化，甚至自动化作业。主要缺点是受风影响大，设备投资高，在多风的情况下会出现喷洒不均匀、蒸发损失增大的问题。与地面灌溉相比，大田喷灌一般可省水30%~50%，增产10%~30%。但在多风、蒸发强烈地区容易受气候条件的影响，有时难以发挥其优越性，在这些地区进行喷灌，应该对其适应性进行进一步分析。

苜蓿喷灌技术目前应用较多的是中心支轴式喷灌机，

将支管支撑在高2～3米的支架上，全长可达400米，支架可以移动，支管的一端固定在水源处，整个支管绕中心点绕行，像时针一样，边走边灌，可以使用低压喷头，灌溉质量好，自动化程度高。山东苜蓿生产中已有使用，适用于大面积的平原地区，要求灌溉区内没有任何高的障碍，如电线杆、树木等。其缺点是只能灌溉圆形的面积，边角要想法用其他方法补灌。

第二节　苜蓿施肥技术

肥料是苜蓿增产增效的物质来源，施肥是提高苜蓿产量和效益的关键措施之一。

一、苜蓿地施用肥料的种类

苜蓿地施用的肥料根据营养特性、元素组成和质地结构主要分为有机肥、无机肥和微量元素肥料。

有机肥是以各类秸秆、落叶、青草、动植物残体、人畜粪便为原料，按比例相互混合或与少量泥土混合进行好氧发酵腐熟而成的肥料。

无机肥是利用化学合成或天然的无机化合物，主要提供氮、磷和钾等营养，有氮肥、磷肥和钾肥三类。①含氮肥料：硫酸铵，含氮（N）20%～21%；碳酸氢铵，含氮（N）15%～19%；硝酸铵，含氮（N）33%～34%；尿素，含氮（N）44%～46%。②含磷肥料：过磷酸钙，含磷（P_2O_5）6%～9%、硫（S）10%～20%、钙（CaO）20%；钙镁磷肥，含磷（P_2O_5）12%～14%、镁（MgO）5%、钙（CaO）25%～30%、硅（SiO_2）40%；磷酸二氢钾，含磷（P_2O_5）50%～52%、钾（K_2O）32%～34%；磷酸二胺；含磷（P_2O_5）46%、氮（N）18%。③含钾肥料：硫酸钾，含钾（K_2O）50%～52%；氯化钾，含钾（K_2O）50%～60%。

微量元素肥料主要提供硼、钼、锌以及其他微量元素的肥料。

二、苜蓿地肥料的施用方法

当土壤内有机质≤2%时，可在播种前一年秋季每公顷施用45～75吨腐熟有机肥作为基肥。基肥要在播种前，按照确定的用量均匀撒施在地表，结合整地、耕作，将肥料与耕层土壤充分混合。

可使用根瘤菌接种剂，按说明书要求进行拌种，也可使用含根瘤菌的种衣剂对种子进行包衣。苜蓿种子未接种根瘤菌，且土壤碱解氮含量≤60毫克/千克时，每公顷应施氮（N）15.0～22.5千克；土壤中有效磷含量≤10毫克/千克时，播种前每公顷需施磷（P_2O_5）12～15千克；土壤中速效钾含量≤100毫克/千克时，播种前每公顷需施钾（K_2O）45～60千克。种肥施用时，将种、肥分层施入，将肥料施在种子下方10厘米处。

苜蓿在刈割后（除每年最后一次刈割）计算干草产量，

每收获1吨干草需追施纯氮（N）3.5千克、纯磷（P_2O_5）2千克、纯钾（K_2O）11千克。应在苜蓿刈割后马上追施，减少肥料对再生植株的伤害，最后一次刈割不追肥。追施大量元素和中量元素肥料应尽可能在灌溉前或降雨前进行。

苜蓿叶片出现红色斑点、植株顶端出现节间短缩现象时，可按纯硼1.5千克/公顷的施用量在施其他肥料时混入硼肥。苜蓿叶片苍白、呈杯状卷曲时，可使用0.05%的钼酸铵水溶液喷施，每公顷喷施纯钼0.3千克。苜蓿叶脉失绿、卷曲时，可使用0.1%的硫酸锌水溶液喷施，每公顷喷施纯锌0.3千克。微量元素肥料一般叶面喷施，最好在无风时或傍晚进行。

第三节 苜蓿根瘤菌接种增产技术

为推动苜蓿产业发展和栽培技术水平的提高，目前世界上新种植苜蓿的地区都会人工接种根瘤菌，即使在种植过苜蓿的地区再种植苜蓿也接种根瘤菌，以显著提高苜蓿产量。国外苜蓿根瘤菌的应用非常普遍，接种面积已超过苜蓿总种植面积的80%。苜蓿不是天生就带有根瘤菌，必须通过接种根瘤菌才能促进有效根瘤的形成。在播种前把根瘤菌接种剂同苜蓿种子混合拌种是最有效的接种方法。

目前已筛选、开发出的苜蓿根瘤菌接种剂，在生产中得到广泛应用，取得良好效果。接种方法简便，拌种时只需把根瘤菌接种剂直接与种子均匀混合即可，不需加水或其他任何辅助剂，因此拌种后不会影响播种时间和效果。

根瘤菌接种剂中的载体带有负电，能通过静电作用使根瘤菌吸附在种子表面，吸附时间长且不易脱落。根瘤菌接种剂稳定性好、根瘤菌存活时间长，在常温干燥的条件下可保持活性达18个月以上，保质期内有效活菌含量超过2亿个/克。接种时根瘤菌接种剂用量少，每千克苜蓿种子只需拌8~12克即可，每亩投入成本低。

苜蓿接种根瘤菌增产作用显著，在沙质土或土壤养分瘠薄的地区、存在土壤板结等不利条件的地区使用，增产效果更明显。莱西市用根瘤菌接种剂拌种后种植苜蓿，翌年田间测产发现较对照增产50%左右。东营市在滨海盐渍土壤上种植苜蓿，使用根瘤菌接种剂也显著改善了苜蓿的生长，苜蓿产量提高。

耕作土壤比较肥沃，养分供应充足，一般认为不需使用根瘤菌接种剂。但在聊城连片种植的200公顷苜蓿地使用根瘤菌接种剂，田间测产结果表明接种后增产达到40%以上。同对照相比，苜蓿苗期结瘤率提早，根系结瘤率增加61%，结瘤量增加96%，植株健壮度提高，株高增加21.3%，分蘖数增加37.6%，地上部提早9天达到

90%的覆盖度，显著增强了苜蓿植株的竞争力，杂草的侵染率减少35%以上。这表明在耕地上，特别是高产农田种植苜蓿使用根瘤菌接种剂增产效果明显。

综合我省生产实践经验不难看出，无论是盐碱滩涂还是高产农田，种植苜蓿都要推广应用根瘤菌接种技术，以达到节本增效的目的。

第四节　苜蓿生物菌肥配套施用技术

随着人民生活水平的不断提高，尤其是人民对生活质量要求的提高，国内外对无公害绿色食品的需求不断增加。生产绿色食品过程中要求不用或尽量少用化学肥料、化学农药和其他化学物质。长期以来，我国农业生产因大量施用化肥而对土壤、水源和农产品所造成的污染及土壤养分失衡与退化问题，已严重威胁农业生态系统的持续生产力和稳定性。另外，随着化肥的大量施用，其利用率不断降低，仅靠大量增施化肥来提高作物产量是有限的。根据我国作物种类和土壤条件，微生物肥料与化肥配合施用，既能保证增产，又减少了化肥用量，降低成本，同时还能改善土壤及作物品质，减少污染。

近年来，研究集成推广的生物菌肥与化肥配套施用技术在苜蓿生产上得到广泛应用，效果良好。

（1）在有机质含量很高的土壤上种植苜蓿，一般不必接种根瘤菌，但应接种溶磷菌、生防菌或其他促生菌等，达到补充养分和活化土壤的效果。使用方式：菌剂拌土撒施，及时少量灌水，水量以不积水为准。用量：菌肥亩用量1.0~1.5千克，拌土2~3千克。

（2）土壤不肥沃或环境条件恶劣而没有根瘤菌的地方、过去5年内没有种植过苜蓿的土地、第一次在未改良的禾本科牧草草地或已建立的林地中补种苜蓿时，接种根瘤菌是极为必要的，最好接种多功能的微生物复合接种剂。可以直接拌种，菌种亩用量0.5~1.0千克；也可以拌土后撒施，菌种亩用量1.0~1.5千克，拌土2~4千克，及时少量灌水，水量以不积水为准。

（3）苜蓿自然结瘤状况不良、结瘤延迟或不着生在主根上、轮作或前茬未种植豆科作物的地块、新垦或复垦地、土壤已被破坏、土壤呈强酸性或强碱性，或主要养分不足时，接种根瘤菌是极为必要的，最好接种多功能的微生物复合接种剂，并重视施用适量微量元素肥料，这对苜蓿良好生长和根瘤菌的存在都很重要。

（4）苜蓿地生物菌肥的施用方法主要有：一是撒施法，播种时将生物有机肥均匀地施在根系集中的区域和经常维持湿润的土层中，做到土肥相融。二是条状沟施法，用于条播苜蓿播种时施肥和后期追肥，开沟后施肥播种或在距离苜蓿根部2~5厘米处开沟施肥。三是拌种法，将种子放在塑料布上，然后喷洒适量的无菌水于种子上，使种子湿润，然后将生物菌肥撒在种子上，边撒边搅拌直至拌均匀为止，每亩地使用量为0.5~1.0千克。阴干后即可播种。

施肥后应注意保持土壤湿润，如果施肥太浅，可以在表面均匀覆盖一薄层细土，以防止太阳暴晒造成肥料中微生物大量死亡，有条件的在施肥后浇一次水效果更佳。

第五节　苜蓿水肥一体化技术

苜蓿水肥一体化技术是将施肥和灌溉相结合、精确施肥与精确灌溉相结合的一种省时省工、增产增效新技术。水肥一体化是借助压力系统（或地形自然落差），将可溶性固体或液体肥料，按土壤养分含量和苜蓿的需肥规律与特点配兑成肥液，与灌溉水一起通过可控管道系统供水、供肥。水肥相融后，通过管道、喷枪或喷头形成喷灌，均匀、定时、定量地喷洒在苜蓿生长区域，使苜蓿生长区域的土壤始终保持疏松和适宜的含水量。同时根据不同时期的需肥特点，土壤环境和养分含量状况进行不同生育期的需求设计，把水分、养分定时、定量按比例直接提供给苜蓿。

试验数据表明，采用水肥一体化技术，节水35%~50%，节肥35%~55%，每年节省施肥打药用工15~20个。水肥供应均匀，苜蓿生长一致，产量和质量都有较大提高，提高了苜蓿生产效益。

在苜蓿生产上推广的水肥一体化主要有微喷和滴灌两种,微喷技术投资少,一般每亩投入800~900元,设备可连续使用6~8年,安装操作简单,对水源和肥料要求不高,不易堵塞管道,农民较易接受;滴喷技术相对投资较大,对水源和肥料要求严格,但节水、节肥效果更好。

翟桂玉研究团队对333.3公顷青贮玉米、466.7公顷苜蓿和133.3公顷饲用黑麦应用水肥一体化综合配套技术,取得显著成效。①节水节肥效果显著。应用水肥一体化综合配套技术,减少了水分下渗和蒸发。在露天条件下,微灌施肥与大水漫灌相比,饲用黑麦节水率达60%~70%,每亩节水可达200米^{3}以上;青贮玉米节水率达到83%以上,每亩节水220米^{3}左右;苜蓿节水率达85%~88%,每亩节水260米^3。肥料利用率显著提高,实现了平衡施肥和集中施肥。在饲草作物产量相近或相同的情况下,与传统施肥技术相比节省化肥45%~55%。②微生态环境改善显著,应用水肥一体化综合配套技术,可以避免土壤板结,人工控制墒情,有效改良土壤物理性能,增强微生物活性,促进饲草作物对养分的吸收,有利于苜蓿等的生长,还可以改良田间小气象,减轻低温、高温、干热风的危害。③节本增效效果显著,应用水肥一体化综合配套技术,生产成本降低,机械化程度提高,每亩农药用量减少20%~25%,节省用工10~15人。推广水肥一体化综合配套技术,组建10人的专业服务队,对1 333.3公顷流转土地进行相关托管服务,为托管农户节省了人力物力，大大降低了人工、农资投入成本。另外，提高了机械化作业程度，可以及时喷灌补墒，确保黑麦、青贮玉米适时播种，为苜蓿提高产量打下了良好基础。④饲草作物产量与质量提升显著，在2017年春季遭遇严重干旱的情况下，推广水肥一体化综合配套技术，亩产苜蓿干草1.5～2.0吨、饲用黑麦鲜草2.6～3.2吨、青贮玉米鲜重3.0～3.5吨，昔日的"盐碱地"变成了如今的"万斤草"。同时由于苜蓿生育期水分、养分供应充足，品质得到了改善，销售价格每吨比周边市场价高出150～200元。

第六节　苜蓿一年四季管理技术

苜蓿是多年生植物，一年四季种植和管理技术存在显著差异。

一、春季苜蓿种植与田间管理技术

春季气温逐步回升，为苜蓿播种、补播和返青提供了有利条件。但春季随着气温回升，也会使土壤蒸发量增大，容易失墒，表层土壤墒情差，对苜蓿种植、生产和田间管理提出了一系列要求，只有采取相应的技术和管理措施，才能确保苜蓿的产量和质量。

1.春季苜蓿建植技术

根据春季气温、降水和土壤墒情的变化规律和特点，春季种植苜蓿时，要掌握好以下技术要点：

（1）选择适宜的地块：为保证苜蓿生产高产和高效，最好选择土层深厚、肥沃、排灌方便的地块。在受土地资源约束的情况下，也可以利用苜蓿的抗逆性，选择一些略瘠薄或盐碱的地块种植。

（2）精细整地并施足底肥：由于苜蓿种子细小，播种前待播地块要耕、耙、犁、耢，精心整理，同时根据情况施足底肥，以利于播种后出苗快速、均匀整齐。

（3）及早播种：春季苜蓿播种力争早播，一般5~10厘米的表层土壤地温达到5~7℃、表层土壤解冻后就可以播种。

（4）适量播种：春季播种地温较低，常导致苜蓿种子发芽率低、出苗慢，因此要适当加大播种量，可在常规亩播量基础上提高20%。

（5）适当浅播：苜蓿春季早播，由于地温低，土壤深层未解冻，播种时宜浅播，播深2厘米左右。播幅可根据土质和水肥条件而定，土壤质地良好、水肥条件略差的地块播幅可适当小些，一般是20~25厘米；水肥条件良好的地块播幅可适当大些，一般是25~30厘米。

（6）播后镇压：为保持良好的墒情，春季苜蓿播种时，要边播边镇压或播后及时镇压，防止因气温回升土壤水分蒸发增大，导致失墒。

2.春季苜蓿地田间管理技术

苜蓿是耐寒性较强的作物,春季随气温回升,返青早,生长快,生育期短,5月中下旬即进入初花期,可以收获制作苜蓿草。但目前在生产实践中,种植一年以上的苜蓿,越冬后的春季田间管理普遍存在管理粗放、肥力不足、返青慢、生长不良等问题,特别是遇到早春气温偏低、旱情严重和风力较大的情况,由于田间管理措施不能及时跟进,常常会直接影响当年苜蓿生长,造成苜蓿种植难以实现高产、优质和高效,所以苜蓿地的春季田间管理应因地制宜采取相应的技术措施和管理方法。

(1)当年早春种植苜蓿的田间管理技术:当年春季种植苜蓿的田间管理可分为前期和后期两部分,前期主要侧重造墒、保墒和保苗、苗齐、苗壮,根据种植苜蓿地块的墒情适时播种,播种后利用镇压等措施保墒,促进苜蓿种子萌发,提高出苗率,实现苗全苗壮和苗齐苗旺;后期主要是做好苜蓿地苗期杂草防除工作,防止杂草与苜蓿的养分竞争和生长竞争。

(2)生长一年以上的苜蓿春季田间管理技术:①表层土壤解冻后,苜蓿地要用钉齿耙纵横交叉耙,及时进行划锄松土,破除板结,提高土壤的通透性和地温,促进苜蓿返青和生长。②结合松土进行追肥,每亩追施磷酸二铵复合肥10~15千克。上一年秋播的苜蓿,因根生长时间短,入土浅,根瘤菌数量少,自身固氮能力差,需增施一定量的氮肥，以促进返青后生长发育，全面提高苜蓿草的产量和质量。③苜蓿返青后一般生长旺盛，需水量较大。当遇到春季降雨少、天气干旱时，要适时浇一遍返青水，以提高第一茬苜蓿的产量。④做好杂草和病虫害的防治工作。生长一年以上的苜蓿，春季杂草的危害和病虫害的发生率较低，且对第一茬苜蓿的影响一般都较轻，无须特殊防治，只要及时收获苜蓿即可。但在个别地方或地块有杂草或病虫害发生时，要采取相应的措施。

二、苜蓿夏季种植与管理技术

苜蓿夏季栽培管理是苜蓿生产中的重要环节，因为夏季杂草多、病虫害易暴发、高温灼伤等不利因素容易导致苜蓿品质劣化甚至绝收。

1. 夏季苜蓿种植管理技术

（1）播种技术：夏播苜蓿由于气温适宜、雨水丰沛，播种后出苗快，因此在一些高旱地区常因春旱等原因延迟播种时期而推迟至夏播。宜采用宽行条播，行距一般25～30厘米，这样既能满足苜蓿对通风透光的要求，也便于中耕除草和施肥灌溉，有利于提高产草量。大面积栽培时，一般采用播种机条播。因夏季杂草恶性竞争，为避免争肥、争水，影响苜蓿建植，可适当提高播种量，每亩1.0～1.2千克（一般春播0.5～1.0千克）。

（2）苗期管理：苜蓿播种后地温高、土壤水分充足，发芽破土快，一周左右出苗。但出苗后40天左右以根系生长为主，地上部分只有2～3厘米，生长缓慢，与杂草竞争力弱，也易受高温灼伤，所以苗期主要的管理措施就是清除杂草。

（3）杂草防除：播前应对土壤中的杂草及其种子进行清除，可在播种前一周用灭生性除草剂进行土壤处理，苗期可用选择性除草剂等控制杂草。中耕除草是苜蓿田间管理的一项基本措施，可以消灭田间杂草，松土保墒，使之正常生长发育。杂草对苜蓿危害有两个较严重时期，一是幼苗期；二是夏季收割后，杂草水热同期，生长迅猛，严重影响苜蓿生长及干草品质。清除杂草可用中耕机或人工除草。

2. 夏季再生苜蓿的管理技术

苜蓿夏季管理主要是第一茬收获后的管理，苜蓿产量主要是春末夏初的第一茬和夏季的第二茬，这两茬产量约占全年总产量的70%，且品质优良，商品性好。因此，做好苜蓿夏季管理非常重要，在技术层面，主要是应用田间管理技术提高经济效益。

（1）肥水管理技术：苜蓿第一茬收获一般在5月底6月初，这段时间相对来讲降水较少，以预防干旱为主，要根据土壤墒情、土壤含水量情况适当灌溉，0～20厘米土层内含水量低于10%，可喷灌4～6小时。6～8月降水较多，要做好苜蓿地排水和防涝。根据苜蓿第二茬生长期短的特点，要在第一茬刈割后及时进行追肥，以促进苜蓿生长，提高产量和品质，结合浇水进行追肥，每亩追施苜蓿专用肥20～30千克。

（2）苜蓿病虫害防治：苜蓿夏季生长，遇到的问题是气温高、湿度大，容易发生病虫害，病害主要有菌核病、炭疽病，虫害主要有蓟马、蚜虫等。如有病虫害发生，要及早进行防治。菌核病防治，可选用50%速克灵可湿性粉剂进行喷洒；炭疽病防治，可选用10%世高可湿性粉剂进行防治；蓟马、蚜虫，可选用5%高效氯氰菊酯乳油2 000倍液、10%吡虫啉乳油2 000倍液进行防治。

（3）适时收获与青贮：苜蓿夏季收获时正值雨季，为防止霉烂，尽可能选择晴好天气适时收割。如果雨天较多，可在苜蓿开花期前后提前或错后刈割，这样虽然产量或品质受到一定影响，但从整体看得要大于失。收割后尽量减少在地里的晾晒时间，打捆后及时送到场院，选择通风避雨处自然风干，避免雨淋。对连阴雨天，为了保证苜蓿草产品的营养和防止发霉变质，可以应用伸拉膜裹包青贮技术，制作青贮饲料。

大田苜蓿夏季要防止牲畜践踏啃食，保证苜蓿后期生长。夏季由于雨水多，土壤遭到踩踏会变硬实，影响苜蓿再生，同时大田苜蓿再生植株遭到牲畜践踏或啃食将会使苜蓿受到严重影响，甚至导致成片死亡。因此，夏季要做好苜蓿地的管护。

三、苜蓿秋播与管理技术

苜蓿播种秋季是比较适宜的季节,秋季墒情较好,杂草枯老,利于苗期生长,避免杂草竞争。秋季田间管理也是苜蓿越冬的关键措施。

(1)备播技术:

①选择地块。苜蓿主根发达,入土深2~6米,深者可达10米以上,能吸收深层土壤水分,适宜种植在土层深厚而且肥沃的沙质土壤中。但苜蓿耐涝能力差,水淹2天以上将引起根部腐烂,造成死亡,不宜种植在地势低洼易积水的地方。因此,播种苜蓿要求选择地势高、土层深厚、排水条件好、盐渍化程度低、交通便利、管理利用方便的地段。

②土地整理。由于苜蓿种子小,顶土力弱,播种苜蓿前须将地块整平整细,深耕灭茬,耙平碎土,起垄做畦,畦面宽根据播种、收割机械的幅宽和灌水均匀度而定,一般3米左右为宜。确保苜蓿发芽率和出苗均匀度,为增产打下基础。

③施足基肥。根据苜蓿的特性,施足基肥,重点是增施磷肥,在耕翻灭茬前应每亩施2~3吨厩肥和25~50千克过磷酸钙,培肥地力,促进苜蓿根瘤菌生长,增强其固氮能力,促进苜蓿生长,提高苜蓿的产量。

④除草灭荒。前茬作物杂草严重或新开垦的土地,应使用除草剂对土壤进行处理,防止出现草荒现象,便于

苜蓿田间管理，既省工省力，又增产增效。需要注意的是，使用某些除草剂后，需间隔7天以上方可播种，否则苜蓿会受到药害。

（2）播种技术：

①处理种子。苜蓿种子发芽力可维持10年以上，硬实率5%～15%，新收种子硬实率可达25%～65%，随着贮存年限的增加，其硬实率逐渐降低。当年收获种子当年秋播时，必须把种子曝晒3～5天，或按1份种子加1.2～1.5份沙子混合，放在碾子上碾20～30转，从而提高发芽率15%～20%。也可将种子用50～60℃温水浸泡0.5～1.0小时后，晾干播种。

②接种根瘤菌。苜蓿为豆科作物，根瘤菌有固氮能力，但秋播当年苜蓿根瘤菌数量少，固氮能力低。因此，在播种前应进行根瘤菌接种，特别是未种过苜蓿的田地更需要接种，接种后的苜蓿产量可提高20%～30%。一般采取种子包衣的方法，黏着剂将根瘤菌剂、微肥等包到种子上。也可用根瘤菌直接拌种，每千克菌剂可接种苜蓿种子10千克左右。苜蓿根瘤菌可在市场上购买，也可从老苜蓿地刨出苜蓿根，阴干后把根瘤搂下来，压成末，然后拌到苜蓿种子里。

③精量播种技术。苜蓿种子千粒重1.5～2.0克，每千克种子大约42万粒。国外进口的种子大多数经过加工处理，净度纯，大小均匀，发芽率高，每亩播种量可掌握在0.75～0.90千克；国产种子多未经过加工，纯净度和

均匀度较差，发芽率相对较低，可适当增加亩播量，一般掌握在每亩1.0~1.5千克。土壤墒情和土质较好的地块，每亩播量可适当降低。

④播种时间。苜蓿秋季最适宜的播种时间是9月中旬至10月中旬，最晚不要超过10月底。此时雨季刚过，底墒较足，蒸发量小，土壤表层含盐量相对较低，地温及气温对苜蓿种子发芽及幼苗生长有利，出苗齐，保苗率高，无杂草危害。冬前苜蓿株高可达5厘米以上，具备一定的抗寒、抗旱能力，翌年返青早，比春播可多收一茬草。有灌溉条件的地块，若在入冬前冬灌一次，可使苜蓿更安全地越冬，翌年早发。若再晚播种则出苗慢，幼苗抗冷冻性差，冬春季节保苗率低，翌年返青晚，直接影响第一茬产量。

⑤播种方式。苜蓿播种方式有条播和撒播，条播省工省力，便于追肥、中耕除草等田间管理；撒播产草量较高，播后可尽快形成覆盖，抑制杂草生长。山东省推广密垄稀植，也就是在原定单位播种量的基础上，行距由30~40厘米改为20~25厘米，实现稀植，既可增加覆盖，提高产量，又便于田间管理。

⑥播种深度。苜蓿播种深度一般掌握在2~3厘米，若土壤疏松，机播前先镇压一遍，然后播种，便于掌握播深。播种后再镇压一遍，有利于保墒。特别应注意的是，苜蓿种子细小，顶土能为差，播深不易出苗。若土壤墒情差，必须造墒播种或整好地待雨后抢播。

（3）苗期管理技术：在环境适宜的条件下，秋播苜蓿5～6天即可出苗，10天左右就能出齐，缺苗断垄的应及时补播。苜蓿幼苗期不宜过早灌溉，特别是在2片子叶期切勿灌溉，以免由于水淹造成缺苗或生长受阻。株高5厘米以上时可适度浇水，以当天能渗到地里不见明水为宜。苜蓿生长期间，应适当追施磷、钾等复合肥，提高苜蓿的质量和产量。

四、苜蓿冬季管理与安全越冬技术

苜蓿是多年生植物，每年都要越冬再生，为保证越冬再生的成活率，可以应用以下技术，提高越冬率。

（1）适时刈割：每年苜蓿最后一次刈割，应安排在封冻前1.0～1.5个月，这样收获后仍有一个月以上的生长期，利于苜蓿养分积累和安全越冬及来年萌发再生。冬前再生植株细胞膜必须有一定的"硬化"，这样才能保证植株很好越冬。在夏季，苜蓿植株的细胞外膜由饱和脂肪酸、糖、其他有机化合物和矿物质组成，很容易度过夏季。但当冬季来临土壤接近冰点时，这样的细胞外膜会让植物冻死，而在硬化过程中，其外膜转变为不饱和脂肪酸，这使苜蓿留茬叶片和茎及根部的液体可以耐受较低的温度，保证安全越冬。苜蓿株体的这种硬化从白昼变短的秋季且气温降为10℃或以下开始，到日最高温度降到大约0℃或更低，即接近冰点时，时间长达两个星期或以上，这个硬化会进一步强化。如果当年夏季到冬季的温度过渡太突然，植物的硬化期就会很短，苜蓿很容易被冻伤。

除了细胞膜的变化，健康的植物还会输送糖分进入细胞内，使其能够在低于－10℃时抗冻。苜蓿需要足够的碳水化合物，以保持较高的根部成活率来安全越冬。选择冬季植株细胞膜硬化好的苜蓿品种，在很大程度上会更好越冬，并在春季更少地遭受减产损失。当气温低于－13℃会完全冻死苜蓿时，冬雪盖在苜蓿的顶部，起到一个绝缘作用而保护植物。因此来年苜蓿是否丰收，取决于冬雪的多少，或是否会覆盖在植物生长的顶部等因素。

（2）留茬适度：当年最后一茬苜蓿收获时的留茬高度直接影响再生草的生长速度，留茬高，再生速度就快，反之就慢。最后一茬苜蓿的留茬高度与越冬率成正比，但留茬过高会影响前茬草的产草量，因此苜蓿越冬前收割的留茬高度应在5～6厘米之间。冬前苜蓿根系的碳水化合物需要积累到一定量，才能确保其进入冬季表现良好，使植物根部能有正常呼吸，产生过冬的化合物，以提高存活率。注意入冬前最后一次刈割，既要保留足够的再生留茬高度，又要保证根部积累足够的水分和碳水化合物。

（3）合理追肥：在冬季和早春应结合灌溉追肥，苜蓿一般以磷、钾肥或厩肥为主，苗期加氮肥，氮、磷、钾肥的比例大体是4:1:2。

（4）浇封冻水：在上冻之前普浇一遍封冻水，以利于提高越冬率，同样早春返青后也应浇返青水。

（5）进行覆盖：用草、秸秆等覆盖物或者机械覆土进行覆盖，以保温越冬。小面积种植，在苜蓿种植地块上覆盖5～10厘米厚的秸秆等覆盖物，可有效提高苜蓿的越冬率；大面积种植，可于封冻前利用机械进行覆土，通过调整牵引机械的速度来控制覆土的深度。机械覆土应在封冻前10天内进行，覆土深度在5厘米左右，过深会影响翌年苜蓿返青。

第四章

苜蓿种子生产技术

为满足苜蓿生产实际需要，苜蓿种子生产是至关重要的环节。根据山东省苜蓿种子生产的实践，我们集成研究了苜蓿种子专业生产的相关技术。

第一节　苜蓿种子田建植技术

一、苜蓿种子生产的环境要求

1. 苜蓿种子生产对气候和土地的要求

（1）对气候的要求：选择的苜蓿种子生产田必须在苜蓿开花时期具有一定的日照长度和适宜的湿度，苜蓿种子成熟期要求干燥、无风、昼夜温差大，必须有稳定、晴朗的好天气，植株苗期、生长发育期、开花期要有适宜温度。苜蓿种子田所在的地区全年积温要保证苜蓿完成种子成熟，保证多年生苜蓿安全越冬，冬季最低温度、有倒春寒地区的春季最低温度都要满足种子生产需要。

（2）对土地的要求：苜蓿种子生产必须选择合适的土壤类型、良好的土壤结构、适中的土壤肥力，选择合适的地形、坡度和良好的排水。山区的苜蓿种子生产田应该在阳坡或半阳坡上，土地坡度不能太大，坡度大影响种子在收获机的平筛内与秸秆分离。

2. 种子田隔离、布局与前茬要求

苜蓿是异花授粉植物，在种子繁殖过程中必须严格隔离，防止天然杂交引起生物学混杂和机械混杂。生产两种或两种以上容易发生天然杂交的苜蓿种子田的距离为800~1 000米；同一地块再生产苜蓿种子，时间隔离必须三年以上。

苜蓿是异花授粉植物，为有利于昆虫传粉，最好将苜蓿种子田布置于防护林带、灌丛及水库近旁。

苜蓿种子田最好是休闲压青地或中耕作物地。轮作具有自然土壤消毒作用，可以避免田间菌虫量累加造成病虫害流行，保证土地休养生息、合理发挥肥力，同时防止落地种子次年生长带来的混杂。

二、苜蓿种子田的田间管理

苜蓿种子生产中整地、种子处理、播种、出苗前后的管理、施肥、灌溉、辅助授粉、病虫害防治等都会影响苜蓿种子的产量和质量。

(1)整地：苜蓿种子较小，并且子叶出土，必须为其发芽出苗提供良好的土壤环境。耕翻可以改善土壤的物理状况，促进土壤微生物活动，调节土壤中水、肥、气、热等肥力因素；耙地、耱地、镇压可以除去杂草根茎、混拌土肥、打碎土块，获得粗细均匀、质地疏松的土壤，使种子或幼苗根系与土壤充分紧密接触，平整地面并保墒，为种子或幼苗生长创造良好的地面条件。耕地，要求深翻或深松25~30厘米，夏季赤地中耕可以消灭5厘米土层中的杂草幼苗；耙地，要求耙出杂草根茎，耙碎土块，混拌土肥，达到表面平整；耱地，要求耱碎土块，耱实土壤，达到粗细均匀，质地疏松；镇压，要求土质细碎、地面平整、土层压紧、上虚下实，达到保墒效果。

(2)种子处理：苜蓿种子生产中使用的苜蓿种子要满足以下三点，首先保证种子净度、发芽率、其他植物种子数、水分指标符合国家标准规定的一级种子，即净度不低于95%，发芽率不低于90%，其他植物种子数不多于1 000粒/千克，水分不高于12%。其次，新鲜的苜蓿种子中经常有不少硬实种子，它们发芽困难，造成整体发芽率低，需要对硬实种子进行处理。对于硬实率高的苜蓿种子，应采取机械擦破种皮或变温浸种的办法进行硬实处理，提高种子发芽率。第三，为促进苜蓿生长，尤其是初次种植的地段，需要将专门的根瘤菌与播种前的种子混拌。根瘤菌的用量为5~8克/千克种子，把根瘤菌制剂制成菌液，在阴暗、低温、潮湿的环境中喷洒到种子上，充分搅拌均匀。已接种根瘤菌的种子应避免阳光直射，不能与农药、化学药品接触。

（3）播种：①播前处理。播种前先用化学除草剂对土壤做防除杂草的处理，杂草萌发前使用48%佛乐灵乳油1.2～2.4升/公顷或除草通乳油1.8～3.6升/公顷，加水配成药液喷于地表后立即混土镇压。杂草萌发后使用10%草甘膦水剂6～18升/公顷加水配成药液喷于杂草茎叶。②播种方式。采用宽行条播，行距45～90厘米，先施肥后播种，播种后覆土2厘米。③播种时间。苜蓿的播种时间根据生产地区的条件决定，多春播或秋播。有灌溉条件、春季气温较高的地区，可以春播，当0～5厘米的表土层温度上升并稳定在15℃以上时播种，以4～5月为宜。气温较低而不稳定、风大干旱进行旱作栽培的地区，可在气温较高而稳定、降雨较多的秋季播种，9～10月为宜。④种子用量。苜蓿理论种子用量为6～9千克/公顷，实际使用时可以用净度和发芽率折算。

三、苜蓿出苗前后的管理

苜蓿的子叶幼嫩，发芽和幼苗出土需要良好的条件，包括破除土壤板结、防除杂草和间苗三个方面。一是苗前破除土壤板结，土壤板结是指土地表层遇水后结成的厚硬的土层，苜蓿幼苗顶破这个土层出土存在较大困难，这是实际生产中经常遇到的情况，需要打破这个厚硬的土层为出苗提供条件。用缺口耙或缺齿圆形镇压器轻度镇压，或轻度灌溉即可破除。二是苗期防除杂草，杂草与苜蓿竞争阳光、水分、营养，从而降低苜蓿的生活力，一年生杂草生长迅速危害更大，必须采取一定措施防除杂草，特别是恶性杂草必须认真彻底根除。主要是中耕或使用化学除草剂，无论中耕还是用化学除草剂，都要对菟丝子等恶性寄生或其他检疫性杂草彻底消灭并深埋；对成熟期相近、种子颗粒大小相近，清选困难的杂草要随时拔除，保证生产出的苜蓿种子中其他植物种子数不超过1 000粒／千克，达到质量标准。开展锄草和中耕除草，采用中耕机械除草，一年以上的苜蓿种子田在早春返青时应该耙地灭草，中耕除草每年进行1～2次。大面积的苜蓿种子田苗期使用化学除草剂，48%苯达松水剂1.5～3.0升／公顷灭除阔叶和莎草科杂草；拿捕净乳油1.3～2.0升／公顷，5%精稳杀得750～900毫升／公顷或5%普施特1 500毫升／公顷，兑水300～450千克，均匀喷施，防治各类杂草。茅草枯、朴草净等可根据药的说明书加水配成药液，均匀喷于杂草茎叶。喷施化学除草剂要在次日无雨、晴朗无风的天气进行。三是间苗。根据种植实践，一般第二年春天返青后进行间苗，苜蓿种子田密度一般不超过15株／米^2，间苗后的密度以8～10株／米^{2}为宜。

四、基肥和追肥的施用

　　苜蓿种子生产需要足够的肥料，因此整地时需要施基肥，保证土壤的肥力，各生长期需要氮、磷、钾、钙以及其他元素来满足其正常生长和结实，不同的生长期需要施不同的肥料。整地时加入底肥以提高土地肥力，保证苜蓿生长；出苗或返青后、孕蕾期追加氮肥；孕蕾开花前追加磷、钾肥并补充硫肥；开花期茎叶喷施磷肥；现蕾前施用微量元素硼，这些肥料可以促进苜蓿结实，增加苜蓿种子产量。整地时施加基肥，施农家肥15~30吨/公顷，过磷酸钙1.50~2.25吨/公顷或发酵并粉碎的油渣0.30~0.45吨/公顷。苜蓿出苗或返青后到孕蕾期结合灌溉追施尿素45~75千克/公顷，或者追施磷酸二胺150~225千克/公顷；现蕾前施用硼酸9~20千克/公顷，稀释浓度0.02%~0.05%，分3次喷洒。

五、种子田灌溉与排涝

在雨量较少的干旱地区，苜蓿建植、营养生长及种子成熟都需要灌溉，才能使种子田干湿交替。苜蓿种子的产量基础是建植和花序分化两个阶段奠定的，因此这两个阶段之前应该灌溉足够的水分，以保证植株形成尽可能多的花芽，并促进开花；在营养生长后期或开花初期应该适当缺水，而在整个开花期保持合理灌水；在种子成熟期停止灌溉，以保证环境干燥利于种子收获。

苜蓿种子田应该干湿交替，生长期的土壤含水量应维持在田间持水量的65%，花后应降为31%~40%。新建种子田播种前和翌年春季返青后透灌一次，每年的孕蕾开花前期透灌一次，开花和结荚期还应合理灌水，保水性差的土地应适当补水，种子成熟后期应该停止灌溉，上冻前应该灌溉一次。

苜蓿种子田因下雨等原因造成积水过量的要及时排水，浸泡时间不得超过28小时。

六、辅助授粉

苜蓿是自交不亲和的植物，生产种子必须异花授粉，授粉情况对种子产量和质量影响极大，所以要借助昆虫，对苜蓿种子田进行花粉传媒授粉。在初花期可引入苜蓿切叶蜂，数量为3~10箱/公顷，利用苜蓿切叶蜂进行授粉。在没有苜蓿切叶蜂的情况下，可招揽尽可能多的养蜂者，初花期开始就到牧草地放蜂。放蜂的时间越长，开花结实效果越好。

七、病虫害防治

危害苜蓿生长的病虫害很多，防治难度也很大，应该按照"预防为主，综合防治"的原则，在应用抗病虫品种和合理栽培管理两个方面把工作做在前面，尽量减少病虫害的发生。选择综合抗病性强的品种；加强苜蓿种子检疫，使用无病虫害地区生产的无病虫害侵染的健康种子播种；使用化学药剂，注意使用既能有效防治苜蓿种子生产中的害虫又不伤害有益昆虫的药品，如矾吸磷或三溴磷；轮作和消灭残茬，相同地块不得连种苜蓿，而应该换种小麦或其他作物，种子收获后认真清除田间留下的残茬、杂草及野生寄主植物；苜蓿多种病害发生于湿度较高的生长环境，生长期应该防止土壤长时间过分潮湿，田间空气相对湿度应该低于60%；发病区的苜蓿要提前刈割，不得收种子，更不许调往外地作种子使用，防止病虫害扩散。

第二节　苜蓿种子收获与加工技术

苜蓿种子收获在种子生产中是一项时间性很强的工作，收获不及时或收获方法不当，生产出的种子就收不回来而前功尽弃。

1. 苜蓿种子收获技术

（1）收获时间：以荚果颜色判断种子是否成熟，当苜蓿的绿色荚果有2/3～3/4变为褐色、种子成为黄色时，苜蓿种子成熟，可以进行收获。

（2）收获方法：苜蓿种子收获方法分为人工收获和机械收获两种。人工收获时，选择无大风的晴朗天气，在露水未干的早晨或晚间收割。将苜蓿割倒捆成捆，运回水泥晒场呈"人"字形堆放、翻倒晾晒，自然风干到叶片水分含量达到12%～18%时可机械碾压脱下荚果，扬场去掉茎、枝、花、叶等碎末，把荚果和种子置于水泥晒场上反复碾压脱粒，过筛除去各种杂质。联合收割机收获时，首先对苜蓿种子田施用化学干燥剂，喷洒后5~10天，至荚果和叶片含水量达到15%~20%而茎秆尚绿时，选择无雾、无露水的晴朗天气收割。干燥剂敌快特用量为0.5~1.0千克/公顷，敌草快用量为1~2千克/公顷，敌草隆用量为3~4升/公顷，利谷隆用量为3.2千克/公顷。喷洒干燥剂至收获的天数由地区、气候确定，以荚果和叶片含水指标为依据。

(3)种子田收获后的管理：苜蓿种子田收获种子后的残茬要立即进行刈割、放牧等处理。同时对苜蓿进行疏株，当植株密度过大时，在种子收获后进行疏株。苜蓿种子田密度超过10~25株/米^2，可以进行疏株，每隔20~25厘米疏去3厘米的植株，疏株后的密度为3~10株/米^2。

2. 苜蓿种子加工技术

经过粗选收获的苜蓿种子还要进行干燥、清选等加工才能成为合格的种子。

(1)种子干燥：苜蓿种子脱粒后，经过粗选的种子进行干燥，使种子含水量降到12%。一般选择晴朗天气，将苜蓿种子在空旷通风并清扫干净的水泥晒场上摊成波浪形晾晒，摊晒的种子厚度尽量薄，不能超过5厘米，同时要不断翻动，使上下种子晾晒均匀。夜晚要收集成堆，用塑料薄膜盖好，次日再摊开晾晒。有条件的地方，也可使用干燥设备烘烤，烘烤温度可以随种子含水量的降低而提高。不同含水量下种子安全干燥的最高温度不同，种子含水量大于20%时，干燥的最高温度32℃，种子含水量14%～17%时，最高干燥温度可以达到37℃。

（2）种子清选：干燥后的苜蓿种子可以根据杂质与种子的区别，选择不同的清选方法，体积相差大的选择风筛清选法，比重相差大的选择比重清选法，长度相差大的选择窝眼清选法。将此三种方法联合使用，先对种子进行风筛清选，再根据混杂物与种子比重、体积差异选择比重清选或窝眼清选，使其净度达到95%以上。

第三节　苜蓿种子质量评价

苜蓿种子经过干燥和清选后达到标准种子要求，对质量均匀一致的种子进行取样，测定种子的净度、其他植物种子数、发芽率和水分含量。

1. 净度分析

净度分析是确定样品中的净种子数量和其他混杂物的数量，由此推测种子批的组成。净度分析时将种子分为四种成分：净种子、废种子、其他植物种子、杂质。

（1）净种子：净种子指完整的良好种子。

（2）废种子：没有种胚的种子，已发芽、压坏、压扁、切碎、腐烂的种子，有虫害的种子，有菌核或病菌危害的种子。

（3）其他植物种子：除苜蓿种子以外的植物种子，均作为其他植物种子。主要是公认或习惯上认作杂草的植物种子，某些作物的种子，异种种子。

（4）菟丝子：菟丝子的种胚呈螺旋状弯曲，无胚根及子叶，8～10倍放大镜下根据形态学特征辨认。用100克苜蓿种子专门检查菟丝子含量。

（5）杂质：苜蓿种子的杂质可分为无生命杂质和有生命杂质，主要包括土壤、砂、石、颖壳、茎、叶、虫瘿等。

2. 发芽率测定

利用发芽试验，在能控制部分或全部外界条件的情况下，使苜蓿种子大多数可以整齐而迅速地发芽。在鉴定实验室发芽试验所产生的幼苗时，主要构造的发育阶段必须能够查出某些不正常的没有实用价值的幼苗。发芽率是指规定条件下和时间内，参试种子产生正常幼苗的种子比例。

（1）正常幼苗：正常幼苗是指种子有一个发育良好的根系，包括一条初生根，其主根长于种子；一个发育良好的下胚轴，其输导组织未受损伤；一个完整的胚芽，具有一片发育良好的叶片，或一个具有正常胚芽的上胚轴；具有两片子叶。

（2）不正常幼苗：生长在良好土壤及适宜的水分供应、温度和光线条件下，不能继续发育为正常植株的幼苗。包括：①损伤的幼苗，幼苗没有子叶；幼苗皱缩、裂缝、破裂或损伤而影响上胚轴、下胚轴与根的输导组织。幼苗没有初生根。②畸形的幼苗,幼苗细弱、发育不平衡;发育停滞的胚芽、下胚轴或上胚轴;肿胀的幼芽及发育停滞的根;子叶出现后没有进一步发育的幼苗。③腐败的幼苗,幼苗的某种主要构造染病或腐败严重,以至阻碍幼苗正常发育。④子叶从珠孔发育出来或胚根从珠孔以外的其他部分发育。

（3）硬实种子:苜蓿种子有的在表层有一层不透水的种皮不能吸水,到规定的试验日期结束时,仍是坚硬的,这类种子列为硬实,供试种子中用硬实百分率来表示种子硬实率。

（4）新鲜的未发芽种子:新收获的苜蓿种子经适当的破除休眠处理后仍保持原状,而外表看来有生活力,这部分种子称为新鲜未发芽种子。

3. 水分测定

种子水分是种子质量的重要指标,是种子安全贮藏的一个主要因素。测定苜蓿种子水分是指种子样品中所含水分的重量占样品重量的百分率。按规定的方法,在控制条件下加热,使种子的水分成为水汽排出,从数量上测定失去的水分。水分测定应在接收样品后尽可能迅速进行,因水分会因种子呼吸作用而发生变化。样品要注意放在加盖的容器内,样罐也需随时加盖。

（1）样品准备:进行测定时需要取二个重复的独立试样。用恒温烘箱法,要求样品重量为4~5克,称重的精确度为0.001克。测定时样品暴露在实验室空气中的时间要减少至最低限度，应不超过2分钟。使样品通过种子分样器时样品在空气中暴露不得超过30分钟。

（2）测定方法：一是恒温烘箱法（130℃烘箱法）。

主要设备：样品盒，用不锈钢合金或玻璃制成的样品盒，要配以合适的盖子，与盒子紧贴的盖子使水分散失降低到最小。

电烘箱，具有适当通风和恒温调节器的电烘箱，能保持（130±3）℃。须在预热到130℃时再放入样品。

干燥器，干燥器内最好配一厚金属板，以加速样品盒冷却。

分析天平，具有千分之一感应。

测定步骤：称重，先将样品盒、盖子称重，放入4~5克种子样品，加盖后再称重。

烘干，将样品放入预热到130℃的烘箱内，在此温度下要经60分钟。

冷却，到达烘干时间后迅速取出，加盖放入干燥器内，冷却30~45分钟。

称重与计算：将冷却样品连盖子一起称重，所有称重的精确度应达到1毫克。测定必须有重复，两次测定结果的差距不得超过0.2%。如差距超过此数，必须重新测定。

二是预先烘干法。先取试样50克，将它放入一合适的已称重的容器中，置于130℃烘箱内经5~10分钟。初步烘干是要把水分降到12%~15%。将此部分烘干的种子排在一个开启的盘内，在室内冷却2小时，随后称重计算。

4. 千粒重测定

测定送验苜蓿样品每1 000粒种子的重量。从经过净度分析的净种子中取出1 000粒种子，重复二次，称重，计算每1 000粒的重量。

5. 种子健康测定

健康种子是指无病原体及害虫侵袭和某些重要缺点的种子。测定种子健康状况可提高对不正常幼苗原因的了解，并补充发芽试验的不足。

（1）种子试样：健康种子测定数为1 000粒种子，在一次测定中可以检查一种以上的病原体。留作以后测定的样品须贮藏在干燥冷凉的条件下。

（2）培养：种子保持在有利于病症发展或病原体发育的良好环境条件下。

（3）培养时期：从种子放在琼脂、吸水纸等上面起，到记载感染或健康情况时止。

（4）预备试验：这一试验对所研究的情况提供初步了解，但不能作出一个具有结论性的判断。

（5）预先处理：在培养前为了测定便利，应用缓和消毒剂如氯水在实验室中处理种子。

（6）健康检验方法：一是干种子检查。一份样品或半份试样可用于检查麦角、其他菌核病、黑穗病菌瘿以及由于罹病而变色。病原体也可存在于混入种子的颖壳或其他无生命物质中。有孔洞的种子应予以注意，豆象属、小蜂等昆虫可能从孔洞逃出去，不少种子可能隐藏着活虫。仓库害虫如象鼻虫类、螨类、蛾类等也可存于禾本科、豆科及其他种子的样品中。若真菌在干种子上，种子可用低倍显微镜观察，有时可根据其子实体如分生孢子盘及分生孢子器来鉴定。二是软化或浸渍后种子的检查。将种子浸没在水中或其他溶液中，使子实体更易于看到，并为孢子释放创造条件。三是洗涤物的检查。真菌的孢子或菌丝与种子混杂或黏附在种子上面，可取种子100粒或更多些，放在水和一种湿润剂中或放在乙醇中用力振荡，把它们冲洗下来，冲洗的溶液检查病原体前可经过滤、离心或蒸发浓缩成几滴，可查明大多数种子的病原体。但仅能把它作为预备试验，还须进行全面考察。四是培养后检查。种子样品经过一段时期培养后可检查病原体、害虫和生理障碍以及由于这些原因所造成的伤害。可用吸水纸进行测定，既方便又有效。种子不要预先处理，排列要稀些，使发育的幼苗不相互接触。湿度和温度按照病原体及寄主种子的要求而加以调节，这些条件通常和用于发芽试验的条件相似。由于许多真菌的孢子形成受光照刺激，特别是间歇的近紫外光，建议采用12小时黑暗和12小时光照交替进行的方法。有些病原体不需放大即可测定，但较详细鉴别时，需备有双目显微镜和高倍显微镜，供鉴定孢子用。五是解剖检查。为了解病、虫在种子内的潜伏情况，必须解剖种子或制成切片，必要时加以透明染色，在显微镜下检查。六是植株检查，在隔离的温室内将种子培养成植株而检查其病症，是测定种子内是否存在细菌、真菌或病毒等最方便而且比较确切的方法。可将从可疑样品中取来的种子进行播种，或从种子中取得接种体，以进行对健康植株的侵染试验。

第四节　苜蓿种子质量分级

一、苜蓿种子分级原则

根据山东省苜蓿种子生产、加工、经营实际，苜蓿种子质量采用三级制，一级要求等于或略高于国家标准；二级达到国家标准；三级不低于国家标准。

苜蓿种子质量分级是以净度、发芽率、其他种子数量和水分四项指标为依据。根据山东省苜蓿种子生产条件，在维持种子用价水平的前提下，采取提高净度指标、降低发芽率指标的措施进行评级。

水分和其他种子未超过限量，净度和发芽率有一项不符合标准时，依种子用价（净度 × 发芽率）按下列规定评定级别：一级种子用价大于85%；二级种子用价为70%～85%；三级种子用价为55%～70%。如水分和其他种子数量均超过数量，则按种子用价评级，降一级；如水分和其他种子数量有一项超过限量，则不降级。

二、种子分级的质量要求

感观指标，种子饱满、新鲜、有光泽、无霉味；形态、色泽应具有该草种特征；触摸有干燥感，无湿润感。

质量分级指标，苜蓿种子品质分级指标如表1。

健康指标，苜蓿种子应健康、无病原体及害虫侵袭。

表1　苜蓿种子质量分级

中文名	学名	级别	净度不低于(%)	发芽率不低于(%)	其他种子不多于(粒/千克)	水分不高于(%)
苜蓿	*Medicago sativa*	一	95	90	1 000	12
		二	90	85	2 000	12
		三	85	80	4 000	12

根据检验结果，对照《豆科主要栽培牧草种子质量分级》标准，判定种子级别，三级以下种子不准作为种用。

第五节　苜蓿种子贮存技术

苜蓿种子贮存是种子生产经营活动的重要环节，也是开展苜蓿再生产的重要措施。

1. 种子贮存条件与方法

种子贮存就是通过管理改善，减少害虫危害，避免种子霉烂，保障种子的生活力和生产所需的种子数量，提高种植效益。

（1）贮存条件：苜蓿种子采收以后生活力的保持和寿命的延长都取决于贮存条件，其中最主要的是温度、水分及通气状况这三个因素。这三个因素在影响种子寿命过程中，是相互影响和相互制约的。贮存环境的温度较高时，可以通过降低种子含水量、控制氧气供应量来达到延长种子寿命的目的。在种子含水量和空气湿度较高的情况下，可以通过降低温度、控制氧气供给量来相对延长种子寿命。

（2）贮存方法：贮存方法大致有密封贮存法、超低温贮存法、低温除湿贮存法、真空贮存法、开放贮存法等，其中常用的多为密封贮存法。种子密封贮存法，是指把苜蓿种子干燥到符合密封要求的含水量标准，再用各种不同的容器或不透气的包装材料密封起来进行贮存。这种方法在一定的温度条件下，不仅能较长时间保持种子的生活力、延长种子的寿命，而且便于交换和运输。在温度高、湿度大、雨量较多的地区，具备条件的最好使用密封贮存法或低温除湿贮存法。

2. 苜蓿种子贮存的质量保障技术

苜蓿种子贮存的好坏，对生产的影响很大。如果贮存不当，会给种植和生产造成很大损失。

苜蓿种子在贮存过程中，要控制好种子含水量。苜蓿种子含水量过高，在冻结时一旦受冻，胚部就会被破坏，从而使其生活力和发芽率下降。因此，应千方百计想办法把苜蓿种子含水量降到14%以下，即达到安全水平以下。

苜蓿种子在贮存前要控制好种子净度。如果苜蓿种子中掺杂有秕粒、破碎粒以及尘土等杂质，就会使种子堆中的孔隙度减小，阻碍其因呼吸所引起的热量散失，从而使杂菌和害虫易于繁殖，损害种子。待贮存的苜蓿种子，在贮存前要仔细筛选，清除杂质，保证净度。

苜蓿种子在贮存中要防止种子受潮。苜蓿种子虽然组织紧密、胚小，一般不容易吸水膨胀，发生霉烂。但是，为了避免受潮损害种子，要将种子贮存在干燥而温度相对稳定的仓库内。用麻袋装苜蓿种子时，要用木头垫起来，不要直接挨地，以免种子受潮变质。

苜蓿种子在贮存中要防止种子被污染，严禁将苜蓿种子与化肥、农药等放在一起，以防止因污染而损害种子。新、旧种子不能同时放在一起，因含水量等不同，同贮会互相影响，降低生活力。切忌用塑料袋或装过化肥、农药的袋子装种子，前者影响呼吸，后两者易产生肥、药害。

苜蓿种子入库前首先要清理种子库，检查防鸟防鼠措施，然后进行药物消毒。将80%的敌敌畏乳油按100毫克/米^{3}用量，每1~2克加水1 000克喷雾，密闭门窗48~72小时后通风24小时才能使用。

仓库内贮存的种子袋要放在距地面15厘米的隔板上，距仓壁0.5米，种子袋堆垛的方向应该与库房的门窗平行，以利于通风，垛宽不要超过5米，垛与垛之间相距0.6米。不同品种要严格隔离，相同品种以批次为单位在同一垛内分段标识。

种子贮存期间要做种子温度、水分检查，在种子垛内部容易发生变化的地方设点抽样观察种子温度、水分情况，同时要监视鼠、鸟的活动痕迹，及时防除。

第五章
苜蓿收获与加工技术

苜蓿种植的主要目标是获得优质饲草产品,满足畜禽养殖的需要,苜蓿收获和加工技术因苜蓿利用方式不同而不同。

第一节　苜蓿的收获制度

在苜蓿产业化生产中,收获是一个技术含量较高的环节,收获的质量不仅直接关系到当年苜蓿的产量和质量,而且也间接影响以后生产力水平的维持与提高。影响苜蓿产量和质量的因素很多,如苜蓿的品种、土壤肥力、土壤水分、气候、收获期、收草技术、栽培管理技术和贮藏条件等,然而收获是众多因素中对苜蓿草产品质量影响最大的因素,也是苜蓿草产品加工的第一步。因此,需要有符合苜蓿生产要求的收获制度。

1. 收获时期

收获时期是直接影响苜蓿草地单位面积产量和品质的重要因素。苜蓿的生长发育规律是决定刈割时期的重要因素，适宜的刈割时期有利于苜蓿正常生长发育，而经济学原理则要求收获的苜蓿应该含有较高的营养物质、消化率、饲用价值和高额的产量。现代集约化苜蓿生产，刈割时期显得尤为重要，而且非常严格。一般根据地上部产量的增长和营养物质积累的动态规律，在单位面积营养物质总收获量最高时进行刈割。

2. 刈割次数

刈割次数指在每年生长期内适宜的割草次数，苜蓿一年中的刈割次数取决于当地自然气候条件、无霜期长短、灌溉条件、管理条件及不同品种本身的生物学特性等因素。一般来说，气候温暖湿润、无霜期较长、水肥条件好、管理水平高的地区可以适当多割几次；相反，气候干旱寒冷、生长季节较短、管理比较粗放的地区应少割几次。我国一年两熟地区，苜蓿可收割3～4次；位于黄淮海平原的山东在管理水平较高的情况下，每年可收获4～5次；东北地区的辽宁、吉林播种当年在开花期收割一次，第二年收割2～3次；黄土高原地区的甘肃、陕西、山西等省每年刈割2～3次；在气候较为干燥的新疆，苜蓿在初花期至盛花期刈割，每年2次；江淮地区一年可收割5～6次。国外报道的最高刈割次数发生在西班牙，一年可收割12次。但无论如何，苜蓿最后一次刈割应在停止生长前30～40天结束，否则将影响苜蓿越冬和翌年返青。

3. 留茬高度

苜蓿收割时，留茬高度应该适当，否则将影响苜蓿的产量和质量，而且影响再生草的生长速度和质量，甚至对来年的生长造成影响。留茬过高，往往造成产量损失，而且影响再生；留茬过低，虽然当年或当茬可获得较多干草，但是由于割去全部茎叶，减弱了生活力，连续低茬割草会引起苜蓿草地急剧衰退。适宜的留茬高度应根据苜蓿的生物学特性、管理水平而定，一般情况下稍低刈割有利于刺激苜蓿根茎，多发枝条。

4. 收获机械

随着苜蓿种植规模的不断扩大和国际苜蓿草产品市场的激烈竞争，苜蓿收获机械和草产品加工机械设备不断完善，形成生产集约化，使苜蓿的产量和品质同时提高。机械化作业将苜蓿刈割、茎秆压扁和搂草一次完成，再利用捡拾打捆机打成一定规格的草捆，运出大田，然后再进行草粉、草颗粒、草块生产。这种规模化的作业，大幅度提高了工作效率，同时较大程度地保存了苜蓿的营养成分。目前，收获苜蓿的大型机械主要有收割机、茎秆压扁机、草垄翻晒机、打捆机和草捆捡拾机等。

5. 收获后的田间管理

苜蓿连年刈割，会带走土壤中大量的营养元素，使得土壤肥力逐年下降，直接影响苜蓿再生及产量和质量。因此，要保证苜蓿稳产、优质和高产，还应在割草后进行施肥和灌溉，以满足苜蓿生长发育的需要。

第二节　收获刈割同步压扁技术

传统的苜蓿收获是采用圆盘式或往复式割草机，都不带压扁装备，苜蓿整株割下即完成收获作业，整株苜蓿脱水干燥时期长，蛋白质损失大，晒制干草不能保证苜蓿产品的质量。因此，生产实践中苜蓿收获刈割同步压扁技术得到推广应用。

刈割同步压扁技术可以解决传统刈割方法存在的苜蓿叶片与茎的干燥速度不同步的突出问题。传统方法刈割收获的苜蓿，当叶片已经脱水达到安全水分含量时，茎的含水量还很高，在进一步脱水过程中，叶与茎的连接力很小，只要轻微抖动或搬运都可能造成严重的落叶损失，使收获的苜蓿草的蛋白质含量急剧减少，从而失去应有的商品价值和饲喂价值。

刈割同步压扁技术，可以避免占苜蓿干物质重量20%～25%且处于活性状态的蛋白质和维生素的损失。刈割收获的苜蓿，干燥过程从刈割就开始了，干燥过程伴随着相当复杂的生理生化过程，在一些生物酶的作用下，有些蛋白质被分解为氨基酸，其中包括芳香性氨基酸，这对动物利用是有好处的。如果蛋白质分解过程有害微生物侵入植物的营养体内，会使苜蓿植株开始腐坏或变质，同时也耗费掉大量养分，最终导致蛋白质保存率下降和苜蓿草产品品质下降或完全腐烂。应用刈割同步压扁技术刈割苜蓿，可以加快苜蓿营养体的脱水速度，缩短达到含水量14%～15%所需的时间，从而抑制有害微生物的活动。

刈割同步压扁技术能提高苜蓿草刈割后的干燥速度，而干燥速度决定了干燥后苜蓿的营养水平和质量。干燥速度在2小时以内，蛋白质保存率通常都在95%以上。当干燥时间过长时，蛋白质的损失将增大，影响苜蓿产品的质量。

刈割同步压扁技术的关键是使用先进的割草压扁机械，使用这一类割草压扁机械收获的苜蓿草，晴天只要晒6～8小时（中间翻一次）就可以基本达到脱水要求进行打捆作业，从而使苜蓿茎和叶的干燥速度基本同步，并提高整个苜蓿在田间晾晒时的干燥速度。

第三节　优质苜蓿干草加工调制技术

目前，苜蓿生产技术简单，草产品加工机械设备简陋，产品质量差，商品率低，竞争力差，草产品在种类、质量和数量上均不能满足畜牧业发展的需求，制约了苜蓿产业发展，苜蓿加工调制是生产优质草产品的关键。

一、苜蓿干草特点与物理加工

苜蓿干草是草食家畜冬春必不可少的优质饲草料，具有饲用价值高、营养丰富、调制方法简单、成本低和便于长期贮藏等特点，是北方苜蓿调制加工的主要类型。为了便于贮存和运输，常将调制的苜蓿干草打成干草捆。苜蓿干草捆制作过程中，掌握干草的最佳含水量是关键，一般以20%～25%为宜，以避免营养物质过量损失。打草捆通常由捡拾打捆机完成，将经过自然干燥或人工高温烘干后干燥到一定程度的苜蓿草打制成捆，苜蓿干草的其他产品基本上都是在干草基础上进一步加工而成的。根据所打制的苜蓿草捆密度，草捆又分为低密度草捆和高密度草捆，通常低密度草捆由捡拾打捆机在田间直接作业完成，高密度草捆是在低密度草捆的基础上，用二次压缩打捆机进行再打捆而成。

二、苜蓿干草加工调制过程与技术

苜蓿干草调制加工的流程为：鲜草刈割、压扁、干燥、捡拾、打捆、堆贮、二次加压打捆和草捆贮存。

1.适时刈割

为保证苜蓿干草保有良好的营养物质，适时刈割是关键。苜蓿一般在孕蕾期或初花期进行收割，以百株开花率在10%以下为宜，这样经晾晒粗蛋白质含量可达18%以上。刈割时，土壤表层干燥程度与苜蓿干草的加

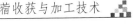

工质量有关，如果土壤表面过湿，则影响苜蓿干草的加工质量。一般认为留茬高度应控制在5～8厘米，过低不利于下一茬草生长，每年最后一茬应在7厘米以上，以利于苜蓿过冬。苜蓿刈割频率为春末至夏初间隔30～35天刈割一次，盛夏至秋季40～45天刈割一次。

2. 苜蓿干燥技术

苜蓿适时刈割后，需要进行晾晒和干燥，干燥技术主要有自然干燥、人工干燥和物理化学法干燥。自然干燥法简便易行，成本低廉，是国内外干草调制多数采用的方法。但一般情况下，此法干燥时间长，受气候及环境影响大，养分损失也较大。自然干燥法又分地面干燥和草架干燥，地面干燥简便易行，为常用的干燥方法。

苜蓿干草调制中，为保证干草营养物质，应最大限度减少营养物质损失，干燥速度要快，使分解营养物质的酶失去活性，并且要及时堆放，避免日光暴晒，以减少胡萝卜素损失。压扁处理可显著提高干草粗蛋白和胡萝卜素水平，并明显缩短干燥时间，减少叶片损失，苜蓿呼吸、酶活动所造成的损失；而且压扁处理显著优于日光暴晒和阴干。压扁茎秆最明显的效果就是将木质化和非木质化细胞分开，增加茎秆表面积，减弱其持水力。

将收获的新鲜苜蓿的含水量下降到14%的安全含水量所用的时间称为干燥速度，而干燥速度决定了干燥后的苜蓿草的营养水平和质量。提高苜蓿干燥速度的技术主要有：

（1）压裂茎秆干燥技术：苜蓿干燥时间长短主要取决于茎秆干燥所需时间，叶片的干燥速度比茎秆快。常用收获压扁机将茎秆压裂，消除茎秆角质层和纤维素对水分蒸发的阻碍，增大导水系数，加快茎中水分蒸发的速度，尽快使茎秆与叶片的干燥速度同步。压裂茎秆干燥苜蓿的时间比不压裂干燥缩短30%~50%，可减少呼吸作用、光化学作用和酶的活动时间，从而减少苜蓿营养损失，但压扁使细胞破裂而导致细胞液渗出，导致营养损失。机械方法压扁茎秆对初次刈割的苜蓿的干燥速度影响较大，而对于再次刈割的苜蓿的干燥速度影响不大。干草于含水量22%时打捆，同时采用生物干草保护剂处理，可减少叶片脱落等损失30%~35%，减少营养损失近50%。

（2）地面晾晒技术：苜蓿自然干燥常用地面晾晒法，把收割的苜蓿在地面铺成10~15厘米厚的草层，含水量至50%左右时集成小垄或小堆，隔一定时间进行翻草，以利于苜蓿干燥。苜蓿的茎和叶蛋白质含量差别很大，叶是茎的2倍，自然干燥过程中干燥速度叶比茎快得多，当叶已达到安全水分含量时，茎的含水量还很高，只要轻微移动就会造成严重的落叶损失，这也是苜蓿自然干燥造成蛋白质含量急剧减少的原因之一。苜蓿叶片开始脱落的时间是在叶片含水量为26%~28%时，整株含水量则在35%~40%之间。晾晒一天后，水分含量达40%时，利用晚间、早晨翻晒一次，此时叶片坚韧，干物质损失少，既能加速苜蓿干燥速度，又使苜蓿鲜泽、留叶率高。当含水量在20%以下时即可打捆。苜蓿叶片中富含蛋白质，叶片散失是干草营养物质损失的主要原因，最大限度保存叶片是减少苜蓿干草损失的重要环节，因此可采取高水分含量打捆。

（3）人工干燥技术：自然条件下晒制的苜蓿干草营养物质损失大，人工干燥可实现迅速干燥。人工干燥有风力干燥和高温快速干燥，均采用人工加热的方法，使苜蓿水分快速蒸发。干燥速度决定了干燥后苜蓿营养物质含量和干草质量，故通常采用高温快速烘干机，其烘干温度可达500~1000℃，苜蓿干燥时间仅有3~5分钟，但烘干成本较高。采用高温烘干后的干草，其中的杂草种子、虫卵及有害杂菌全部被杀死，有利长期保存。

自然晾晒的苜蓿蛋白质含量为17%~18%，机械烘干的苜蓿蛋白质含量可达到22%以上，销售价格每吨可以提高40%~50%。苜蓿售价一般蛋白质含量每增加一个百分点，增加100元，机械烘干较自然晾晒蛋白质含量高5个百分点，可多卖500元。特别是在雨季，无烘干设备将造成苜蓿霉烂，霉烂造成损失达30%~50%。

（4）干燥剂干燥技术：将一些碱金属盐的溶液喷洒到苜蓿上，经过一定化学反应使草茎表皮角质层破坏，加快草株体内水分的散失速度，不仅可减少干燥中叶片的损失，而且可提高苜蓿营养物质的消化率，常用的干燥剂有氯化钾、碳酸钾、碳酸钠和碳酸氢钠等。这些干燥剂的使用,可以采用田间喷洒技术,刈割的苜蓿草搂草堆垄后,在草上喷洒2%的碳酸钾溶液,干燥速度比茎秆压扁快43%;在苜蓿压扁收割前喷洒2%的碳酸钾溶液,干燥效果更加良好。田间喷洒技术的优点是加快干燥时间1~2天,降低产量总损失13%~22%,明显改善饲料品质,有利于苜蓿快速干燥和及时收获,促进苜蓿再生,调制的草适口性良好。使用碳酸钾、碳酸钠、硅酸钠和丙酸钠等配成的混合液,能显著加快苜蓿干燥速度和喷洒效果。刈割压扁时使用化学药剂直接喷洒苜蓿,对加快干燥速度效果最好。这种干草调制技术的改进,在减少调制时间、降低营养损失、减少不利天气制约方面成效显著。

3.苜蓿草打捆技术

苜蓿从刈割、翻晒、搂行到打捆需要在较短时间内完成,以避免中途遭遇降雨,造成苜蓿在田间腐烂变质,降低苜蓿的品质。为了实现苜蓿安全打捆,避免过干或过湿进行打捆作业,需要对苜蓿草的湿度做出判定,并且及时进行打捆作业。

(1)适宜打捆的苜蓿草湿度评价技术:苜蓿打捆适宜水分含量的判定可通过经验、感官和仪器测定来确定。

经验判定是指直接抓一把苜蓿草,然后反方向扭曲,如果茎秆脆、爆裂,说明草已经干了,适合打捆。这个方法简单但不是很精确,需要有一定的经验积累才能提高判断的准确性。

感官判定是指用拇指刮擦苜蓿茎秆,如果表皮能刮开或被剥离，说明苜蓿草已经干燥，可以打捆。

湿度计测定是利用电阻湿度计测量草捆表面或内部的湿度，测量值常常比实际值偏高，是粗略估测含水量的方法。尽管湿度计不能准确测量干草湿度，但可以用来指导安全打捆。

微波炉测定是利用微波技术测定苜蓿水分含量，方法是：①样品采集与处理。将待测苜蓿样品切成 2.5 ~ 5.0 厘米的小段，称取样品 100 克左右，摊成薄层放入微波盘中；在微波炉内加热 2 分钟后取出，再次称重。如果发现苜蓿没有干透，继续加热 30 秒，再次称重，直到最后两次称重的重量一样。不同微波炉的干燥速度不同，最好短时间加热称重，避免加热时间过长，引起苜蓿燃烧。一旦苜蓿燃烧，使用燃烧前的称重数据。②含水量计算。含水量 =（加热前苜蓿重量 – 加热后苜蓿重量）/ 加热前苜蓿重量 × 100%；③干物质含量计算。干物质含量 = 100%– 水分含量，如果水分含量为 14%，那么干物质含量为 100%–14%=86%。为了保护微波炉，加热前最好在微波炉后边放一小杯水。这种方法准确，但比较麻烦，且难以在田间多个区域对苜蓿草湿度进行现场测定。

（2）田间打捆技术：苜蓿草田间晾晒 2 天后，含水量达到 22% 以下，可在早晚空气湿度大时打捆，以减少叶片损失及破碎。虽然在苜蓿草含水量大于 20% 时打捆可减少呼吸，从而保留叶片，但打捆的干草在贮藏中会变质。高水分苜蓿草打捆具有增产和提质的作用，苜蓿草含水量29%打捆比含水量14%打捆，亩产草量高107千克，粗蛋白质产量高12.7千克，随含水量下降，茎叶比增加，叶片损失率增大；含水量29%的苜蓿草打捆比含水量18%打捆，前者粗蛋白质含量明显高于后者，NDF、ADF极显著低于后者。为防止水分含量高时苜蓿草捆霉变，保存营养，可以在草捆中添加丙酸。

草捆的大小可根据生产时间需要和机械加工性能来确定，常见的方形捆，一般长 × 宽 × 高为90厘米 × 46厘米 × 26厘米，草捆重一般15～20千克；也有打成500千克的圆形大草捆，这种圆形草捆一般雨水渗不透，不易变质。打捆后的苜蓿草捆要及时包装，以便于运输和商品化销售。

4. 苜蓿干草调制过程中营养物质的变化

适时收获的苜蓿含水量一般为75%～85%，活性蛋白质及维生素约占干物质重量的25%，营养十分丰富。苜蓿收割后，干燥过程就开始了。干燥过程总伴随着相当复杂的生理生化变化，如细胞的呼吸代谢，这是一种以消耗营养物质为代价的过程。同时，在一些生物酶的作用下，有些蛋白质被分解为氨基酸，随着水分蒸发和营养物质变化，苜蓿植株萎蔫，抗病力逐渐减弱，有害微生物开始易侵入苜蓿营养体内，使苜蓿开始腐败或变质，同时耗费掉大量养分，最终导致蛋白质保存率下降和苜蓿草品质下降，甚至完全腐烂。苜蓿植株体的上述变化以及苜蓿干草品质完全取决于苜蓿脱水速度，即苜蓿脱水快慢及达到安全水分所需的时间。因为只有苜蓿体内的含水量达到14%这一安全含水量以下时，苜蓿生理生化的所有活动才会完全停止，苜蓿的营养成分才会处于稳定状态。

苜蓿叶片蛋白质含量是茎的2倍，自然干燥过程中，干燥速度叶比茎快得多，特别是采用没有压扁装置的收割机收割的苜蓿，茎与叶的干燥时间相差数倍。当叶片已达到安全水分时，茎的含水量还很高，此时叶与茎连接力很小，只要轻微搬动就会造成严重的落叶损失，这也是苜蓿自然干燥造成蛋白质含量急剧减少的原因之一。当干燥速度在2小时以内时，蛋白质保存率通常在95%，随着干燥时间的增加，蛋白质保存率随之减少。当干燥速度为72小时（3天）时，蛋白质保存率可达60%左右。可据此选择苜蓿刈割后的干草调制工艺，也可以判断苜蓿生产区是否适合自然晾晒调制苜蓿干草。

收割后苜蓿的干燥损失，一般总营养损失约为20%，可消化粗蛋白质损失30%。干燥中的机械损失，总营养损失可达15%～20%（因叶片脱落），呼吸的总营养损失为10%～15%，酶作用的总营养损失为5%～10%，雨淋的总营养损失为5%。日光光化作用造成胡萝卜素损失大，日晒一天损失达96%。苜蓿干草一半以上的损失是在贮藏过程中发生的，由贮藏引起的干物质损失约为5%，其中胡萝卜素下降最快。一般露天堆垛7个月草中粗蛋白质、胡萝卜素急剧下降，而打成大圆捆则营养物质变化不明显。

5. 苜蓿干草贮存技术

苜蓿干草合理贮存是减少贮存过程中的营养物质损失，保证干草品质和安全的重要环节。贮存不当会降低干草的饲用价值，甚至引起火灾等严重事故。

（1）干草贮存中的损失：苜蓿干草因发酵而引起的发热现象不仅仅引起养分损失，而且有时干草变质而不能饲用，尤其是高温发酵使干草变得呈褐色和黑色，另外有时发生火灾。这些并不是突然发生的，而是在长期的贮存过程中逐渐氧化，在酶类、霉菌、酵母菌等的影响下导致糖类和可溶性碳水化合物损失而引起的。干草霉烂变质的程度取决于牧草的含水量、气温和大气湿度。微生物活动要求干草最低含水量为30%左右（变动范围25%～30%）、气温25～30℃、空气相对湿度85%以上，此时可导致干草霉烂变质。贮存温度和贮存开始时的干草含水量对营养损失的影响最大，温度为 $-18～7℃$ 、含水量在7%～12%范围内时几乎不发生损失，而温度为36℃、含水量为18%的情况下贮存8个月，其损失率为8%左右。当空气相对湿度为95%时，干物质损失9%～25%，而空气相对湿度为85%损失只有5%以下，湿度再低时几乎不存在损失，不发生霉变现象。

（2）干草贮存方法：干燥好的干草要及时进行合理贮存，能否合理贮存是影响干草质量的又一重要环节。已经干燥而未及时贮存或贮存不当，都会降低干草的饲用价值，甚至引起火灾等严重事故。①草捆贮存。草捆生产是近几十年来发展的新技术，也是最先进、最好的干草贮存方式。目前，发达国家的干草生产基本上全部采用草捆技术贮存干草，而且干草捆生产已经成为美国、加拿大等国家的一项重要产业。草捆生产有一套专门的设备和工艺技术，可以制作方草捆，也可制作圆草捆，草捆大小根据需要和设备规格而定。简单来说，草捆制作过程为：用收割压扁机完成牧草收割，同时将茎秆压扁，以使茎、叶的干燥速度基本处于同步。用专门机械摊晒牧草，干燥后搂成草条，然后用捡拾压捆机将草条自动捡起并压捆。用这种方法生产的干草捆极其紧实，可以十分方便地运输和码放整齐，保存效果极好。一般25千克左右的草捆，压捆生产率高达300捆/小时，每12秒可以完成一个打捆作业。草捆生产需要较为昂贵的成套设备，投资较大，但是现在不少地方开始采用这种技术生产干草。除了利用捡拾打捆机将草条打成圆捆以外，也可把体积大、重量轻的松干草压缩打捆，以便于运输、减少损失和堆藏。②散干草的贮存。散干草经堆垛或运进干草草棚内就进入贮存阶段。露天堆存干草是我国传统的干草存放形式，适用于需贮很多干草的大型养畜场，是一种既经济又省事的较普遍采用的方法。但干草易遭受雨雪和日晒，造成养分损失或霉烂变质。堆垛应尽量压紧，加大密度，缩小与外界环境的接触面，垛顶用塑料薄膜覆盖也可减少损失。要选择地势平坦高燥、排水良好、背风和易取用的地方进行堆垛。在气候潮湿、条件较好的牧场或奶牛场，可建造简单的干草棚。既能防雨雪和潮湿，也能减少风吹、日晒、霜打和雨淋所造成的损失。堆草时棚顶与干草应保持一定的距离，以便通风散热。

　　苜蓿草捆收集后运到草棚中进行堆垛贮藏，贮藏草捆的草棚应选在干燥阴凉通风处。草捆堆垛时，草捆间要留有通风口，以利于空气流动。苜蓿干草含水20%~25%时，用0.5%丙酸喷洒，这样贮藏效果好。草捆贮藏时要常备杀虫灭鼠药，远离火源，草捆用塑料袋包装，提高草捆商品化水平。干草长期贮藏后干物质含量及消化率降低，胡萝卜素被破坏，草香味消失，适口性也差，营养价值下降，故长时间贮藏是不适宜的。含水20%以上的草捆可加入干草防腐添加剂，防腐添加剂中含多种乳酸发酵微生物，通过发酵产生乳酸、乙酸和丙酸，降低草捆pH，抑制有害微生物繁殖，防止草捆发热腐烂，干草获得较佳的颜色和气味。

　　(3)干草贮存注意事项：干草在贮存时，要做好安全防范工作。第一，防止垛顶塌陷漏雨，干草堆垛后2~3周多易发生塌顶现象，必须及时铺严封严。若长期贮藏，也可用草泥封顶。第二，草垛堆起后要用木栅围成草圈，在其四周挖防畜沟和防火道，并注意做好防畜、防火、防水工作。第三，防止干草发酵生热引起自燃。

第四节　苜蓿刈割青饲技术

苜蓿青饲是指将苜蓿收割后切成段，直接饲喂畜禽的利用方法。苜蓿青饲一般有两种方式，一是为了获得更多优质的青绿饲料，按照畜禽的要求，建立专门的苜蓿地，常年为畜禽提供青绿苜蓿；二是当天气不利于苜蓿制作干草，苜蓿地离畜禽养殖场距离较近时，收获苜蓿直接饲喂畜禽。

苜蓿青饲在整个生长季的产量比生产干草高10%～12%，质量也要优于干草。因为青饲苜蓿的含水量高，减少了叶片的脱落，苜蓿养分也保存的更好。苜蓿青饲作业程序少，减少了机械对土壤的碾压，可以提高产量，延长苜蓿的使用年限。机械碾压对苜蓿生产有多方面的影响，如使土壤紧实，造成苜蓿根茎及嫩芽机械损伤，病菌容易入侵和再生速度减缓；在制作干草时，搂草和打捆对刈割几天后再生嫩枝的机械损伤更明显。刈割后及时将草从田间拉走，可以方便灌溉、施肥等田间管理，促进苜蓿再生，每年刈割次数会增加。苜蓿青饲收获的鲜草，受天气影响较小，在雨天也可进行。

苜蓿青饲时，苜蓿种植地块与畜禽养殖场要近。因为收获的苜蓿青草含水量高，一般可达75%～80%，长距离运输成本会增加。青饲时，苜蓿刈割后要尽快饲喂，每次刈割要以畜定量，不堆放和囤积；同时要草畜配套，减少苜蓿随着成熟度增加而品质降低现象的发生。第一次用苜蓿青草饲喂畜禽或苜蓿含水量高或枝条幼嫩时，要注意饲喂量，避免牛羊等引发膨胀病。注意青饲料在日粮中的占比不易过大，过大易导致牛羊拉稀。最好的方法是，将苜蓿青草与其他干草料混合进行饲喂，或者将苜蓿青草作为全混合日粮的一部分，制作全混合日粮饲喂。

青饲是饲喂畜禽最为普通的一种方法，应注意苜蓿的最佳收割时间，不同生长阶段影响苜蓿的营养价值。苜蓿的营养成分与收获时期关系很大，苜蓿在生长阶段含水量较高，但随着生长阶段的延长，干物质含量逐渐增加，蛋白质含量逐渐减少，粗纤维则显著增加，纤维木质化加重。收割过晚，茎的总量增加，叶茎比变小，营养成分明显改变，饲用价值下降。

由于苜蓿含水量大，猪、禽青饲时应注意补充能量和蛋白质饲料，反刍家畜多食后易产生膨胀病，一般与禾本科牧草搭配使用。

第五节　苜蓿青贮与半干青贮调制技术

苜蓿青贮(半干青贮)饲料可以延长苜蓿的保存时间，提高苜蓿质量，降低苜蓿养分损失。

1. 苜蓿青贮与半干青贮饲料的调制

制作苜蓿青贮与半干青贮饲料，一般要将刈割后的草条晾晒半天到一天，水分降至60%~70%，苜蓿萎蔫。苜蓿青贮料的含水量保持均匀一致非常重要，贮藏过程中要注意监测水分的变化，保证制作青贮时苜蓿的水分含量在合理的范围内。如果水分含量过高，会有液体渗出导致养分流失，也不利于发酵过程；如果草太干（含水量<45%），很难压紧压实，同时青贮容易发热或发霉，导致青贮失败。伴随着发热，苜蓿变成褐色，青贮的品质及消化率都大大降低。

当水分降至60%~70%的合理范围时，将草搂到一块，切割成2.0~2.5厘米的草段。草段太长不容易压紧实，尤其是青贮苜蓿水分含量偏低时；切的太短，不利于牛羊反刍，影响新陈代谢。快速封窖，减少氧气是成功青贮的关键。制作青贮堆时，要用塑料密封，再用旧轮胎等重物压紧。如果暴露在空气中，表层1.2米可能腐烂一半，整个青贮可能损失1/3。定期检查青贮窖是否密封，能有效减少青贮损失。

苜蓿青贮与半干青贮饲料的发酵过程分为四个时期：有氧期、滞后期、发酵期和稳定期。在有氧期，植物呼吸作用与有氧微生物共同消耗氧气，一旦氧气消耗完，青贮窖内就变成厌氧环境，这种转变速度非常快，青贮条件好时，在几小时内完成。随后就是滞后期，细胞壁破裂，以糖为基质的厌氧菌开始快速繁殖。发酵期间，厌氧菌将糖分转变成乳酸，使青贮 pH 迅速降低，乳酸是最有效的发酵酸。发酵过程越快，青贮保留的营养成分越好。发酵好的青贮 pH 应为 4～5，在这个范围内细菌死亡，青贮进入稳定阶段，直到开窖。无氧环境同时阻止了霉菌和酵母菌的生长。

相对于禾本科草，苜蓿制作青贮较难，这是因为苜蓿含糖量低，缓冲能力强，因此要使用青贮微生物添加剂辅助发酵并防止腐败。大多数青贮微生物添加剂的成分是乳酸菌及酶，以增加乳酸菌的数量和生长速度，乳酸菌形成的有机酸会降低 pH，有助发酵。另外，一些添加剂的成分是抑制剂，如丙酸和乙酸，会减缓所有微生物的生长（包括有氧菌和厌氧菌）。添加剂有利于苜蓿养分保存，提高苜蓿适口性和畜禽采食量。

青贮添加剂的使用效果，可根据其成分和使用量，按照不同添加剂向单位重量（如每千克）的苜蓿中添加的有效成分判断。每克青贮原料中添加的菌群数称为 cfu，一种添加剂的 cfu 最少为 1×10^5。一般而言，cfu 越大，效果越好。对添加剂的要求包括，添加的微生物能控制发酵过程，乳酸为唯一的终极产品，菌群能在较宽范围的pH、温度和湿度下生存，能用多种植物糖进行发酵。在使用青贮添加剂时，液体剂型比固体剂型的效果好。

苜蓿青贮一般需要青贮 3～4 周才可饲喂，以保证发酵效果。在饲喂利用时，青贮窖青贮的最好每天刨去 15 厘米以上，切面要整齐，以防止切面发热和腐烂。袋装青贮的，青贮袋堆放好后最好不要搬动，使用时开包后一次饲喂完。

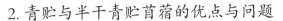

2. 青贮与半干青贮苜蓿的优点与问题

苜蓿青贮与半干青贮相对调制干草，有叶片损失小、受气候影响小、养分保存好的特点。夏季制作苜蓿青贮与半干青贮饲料，一般只需要在田间晾晒 2~6 小时，春秋季节也只需晾晒 15~20 个小时。制作青贮减少了机械对土地的碾压。苜蓿青贮含水量高，消化率高和适口性好，在炎热的夏季，牛羊更喜食苜蓿青贮饲料，青贮苜蓿比苜蓿干草更适合调制全混合日粮。

苜蓿青贮和半干青贮与生产干草相比，对生产者和用户都有好处，半干青贮饲料的总蛋白质和总消化养分（TDN）更高，半干青贮在食槽中相对干草残留更少，特别是相对品质比较低和杂草多的干草。用青贮袋青贮的产量损失一般为 3%~7%，青贮窖的产量损失为 10%~30%，而青饲不存在产量损失。

苜蓿价格通常由质量、供应的稳定性及生产成本决定，苜蓿青贮的价格由当地干草价格和草样的含水量确定，测定苜蓿青贮的水分含量，换算成相应量的干草计算青贮价格。购买者一般很少关注为水分支付的金钱，对于苜蓿青贮来说，水分含量变化很大，仅仅几个百分点的变化会直接影响一批次的干物质含量，因此买卖双方关注的重点是苜蓿干物质含量。

苜蓿青贮和半干青贮与调制干草相比，苜蓿青贮节省了刈割成本和劳动力成本，虽然这些不一定影响青贮价格，但鲜草增产 12%，可以在不适合生产干草的季节多收一茬草,总体来说比较经济划算。

苜蓿青贮与半干青贮的田间损失小,但发酵过程中干物质损失会高于贮藏的干草,青贮总体损失有可能等于甚至超过制作干草的田间损失。苜蓿青贮的消化率常低于青割苜蓿和苜蓿干草。此外,青贮含水量高,只能在离养殖场不太远的地方生产。袋装青贮需要很大的空间贮藏,大的青贮袋一般3米宽、75米长,不能堆叠;小的青贮袋一般2.5米长、2米宽。青贮袋较易破裂,所以要经常检查,有破损要尽快修补。青贮窖或青贮堆比袋装青贮需要的空间要小。

苜蓿青贮与半干青贮饲料暴露在空气中,酵母和霉菌很容易快速繁殖,导致青贮腐烂,青贮的化学成分、pH及温度等都发生变化。发霉的青贮常呈白色,也可能是其他颜色,这取决于霉菌种类。霉菌产生的毒素达到一定浓度时,畜禽采食了会中毒。所有的青贮密封后在发酵完成前都有一定程度的有氧腐败,开窖后同样会发生有氧变质。管理不当,青贮造成的损失会很大。苜蓿青贮与半干青贮还有一个明显的缺点,就是青贮过程使大量的苜蓿蛋白转化为非蛋白氮,这种蛋白在瘤胃内分解速度很快,很多直接被转化成尿素排出体外,而苜蓿干草里的蛋白被瘤胃微生物分解的速度较慢,因此牛羊更容易消化吸收。

第六节　苜蓿裹包青贮技术

苜蓿裹包青贮技术是在苜蓿到达一定的生育期后进行收割，收割的苜蓿在打捆机中进行高密度压实打捆，再通过裹包机用拉伸膜裹包起来，创造一个厌氧的发酵环境，完成苜蓿乳酸发酵过程，从而使苜蓿得到长期保存的一种先进的青贮方法。

在大田适宜收获期刈割的苜蓿，鲜苜蓿含水量75%～80%，晾晒后苜蓿含水量55%～60%时，可以按照以下工序加工生产苜蓿裹包青贮饲料。

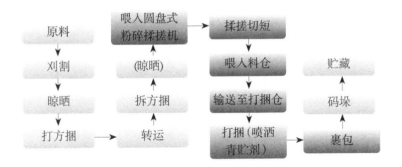

苜蓿拉伸膜裹包青贮技术的优点：①限制少。制作不受时间、地点的限制，不受存放地点的限制，若能够在棚室内进行加工，也不受天气的限制。②损失小。拉伸膜裹包青贮的损失率仅有5%左右，而传统的青贮损失率为20%～30%。③商品率高。裹包青贮有利于运输和商品化，可以为规模化牛场、羊场常年均衡供应青贮苜蓿。④青贮质量好。拉伸膜裹包青贮密封性好，提供了乳酸菌厌氧发酵环境，提高了苜蓿青贮饲料的饲用价值。⑤延长保存期。拉伸膜裹包青贮密封性好，受季节、日晒、降雨和地下水位的影响小，可在露天堆放1~2年。

　　苜蓿青贮裹包后可以在自然环境下堆放在平整的地上或水泥地上，经过7~8周可完成发酵过程，开包使用。在苜蓿青贮裹包贮存和堆放过程中，应经常检查青贮裹包的完好度与密封度，防止薄膜破损、漏气及雨水进入。

第六章

苜蓿精深加工技术

第一节　苜蓿草粉加工技术

1. 苜蓿草粉的价值

草粉作为维生素、蛋白质及纤维饲料，在畜禽营养中具有不可替代的作用。蛋鸡饲料中添加3%～5%的优质草粉，可以提高产蛋率，改善蛋黄颜色，增加蛋壳牢固度和色泽，提高孵化率。肉鸡饲料中添加少量草粉，可增强体质并使皮肤、腿和喙呈现消费者所喜欢的黄色。种母猪的日粮中添加5%～10%或更多的草粉，可替代部分精料，降低饲料成本。苜蓿草粉含粗蛋白质15%～20%，各种氨基酸占6%，赖氨酸、色氨酸、胱氨酸等比玉米高3倍，比大麦高1.7倍。此外，还含有叶黄素和维生素 C、维生素 K、维生素 E、维生素 B 和 Ca、P 等微量元素及其他生物活性物质，营养成分齐全而均衡。因此，国外一些畜牧业发达国家对苜蓿草产品的开发都很重视，年消费量很大,价格也比玉米高50%左右,优质苜蓿草粉售价高达300美元/吨;国内苜蓿草粉产品售价多在1 800～2 000元/吨,优质产品达2 200～2 500元/吨。我国出口的粗蛋白质含量为15%的草粉,价值170美元/吨,粗蛋白质含量30%以上的草粉280美元/吨。

草粉是将适时刈割的牧草经快速干燥后,粉碎成青绿状草粉。目前,许多国家已把苜蓿草粉作为重要的蛋白质、维生素饲料资源,草粉加工已逐渐形成一种产业。即把优质牧草经人工快速干燥,然后粉碎成草粉或再加工成草颗粒,或者切成碎段后压制成块、草饼等。这种产品是比较经济的蛋白质、维生素补充饲料。在美国,每年生产苜蓿草粉190万吨,大部分用于配合饲料,配比一般为12%～13%。为适应饲养业向专业化、集约化、工厂化发展,欧美许国家如美国、法国、丹麦、荷兰等都建立了大型专业化的草粉生产厂。在苜蓿最适收获季节进行人工高温干燥,同时还组织田间条件下的快速干燥,大量生产优质草粉,为配合饲料工厂提供半成品蛋白补充饲料和维生素饲料,促进了浓缩饲料和全价性配合饲料的迅速发展。

目前,我国草粉生产尚处于起步阶段,配、混合饲料中草粉所占的比例较小。但我国饲草资源丰富,其中很多是蛋白质含量丰富的优质牧草,很适宜加工优质草粉,尤其是近年来优良豆科牧草苜蓿种植面逐年扩大,将为草粉生产开辟更广阔的原料来源。虽然我国南方和北方条件差异很大，但发展草粉生产各有其优越性，充分利用我国的有利条件，加快发展草粉生产，是解决当前蛋白质饲料严重不足的一条最有效途径，前景广阔。

在我国很多地区，如新疆、内蒙古、辽宁、黑龙江、山东等省区已建立了苜蓿草粉生产厂，并已获得成功，甚至有的产品成为出口商品。但由于生产规模较小、加工手段落后等问题，已经影响草粉的质量，限制了我国苜蓿草粉的进一步发展。

随着饲料工业日益发展，苜蓿草粉生产急待兴办，并有很大的市场潜力。调制加工优质苜蓿草粉，最重要的是要尽量保持牧草原有的营养成分和较高的消化率及适口性，尤其要注意尽量减少青绿牧草中粗蛋白质、胡萝卜素以及必需氨基酸等营养成分的损失。影响苜蓿草粉优良品质的因素很多，除不同品种和生境的差异外，最重要的是牧草的刈割时期、干燥方法、干燥时间、工艺流程、加工机械等。其中牧草的刈割时期对苜蓿草粉的品质影响最大，也最容易被忽视。

2. 苜蓿草粉生产技术

苜蓿加工生产草粉的流程为：适时刈割→切短→干燥→粉碎→包装→贮运，其中适时刈割、烘干技术也涵盖在干草调制中，苜蓿草粉生产加工主要是干草切短、粉碎技术。

（1）切短：切短是将收获的干草进行简单的加工，是进行其他加工的预处理，为下一步工作做准备，有利于再加工时充分粉碎。有的生产过程中不进行切短，而是将刈割后的苜蓿自然干燥后直接进行粉碎。

（2）粉碎：粉碎是利用机械的方法克服固体物料内部的凝聚力而将其分裂的一种工艺，即靠机械力将物料由大块碎成小块。粉碎是草粉加工中最后也是最重要的一道工序，对草粉的质量有重要影响。苜蓿干草经粉碎后，增大了饲料暴露的表面积，有利于动物消化和吸收。动物营养学实验证明，减小碎粒尺寸，可改善干物质、氮和能量的消化与吸收，减少了料肉比（表1）。

表1　苜蓿粉碎粒度大小对消化率和饲养效果的影响

粉碎粒度	消化率（%）			料肉比
（微米）	干物质	氮	能量	
< 700	86.1	82.9	85.8	1.74
700 ~ 1 000	84.9	80.5	84.4	1.82
> 1 000	83.7	79.1	82.6	1.93

（3）粉碎方法：苜蓿草粉碎的方法，根据粉碎的方式分为击碎、磨碎、压碎和切碎。①击碎，利用安装在粉碎室内的许多高速回转锤片对饲料撞击而破碎。利用这种方法的有锤式粉碎机和爪式粉碎机，而且利用最广。②磨碎，利用两个磨盘上带齿槽的坚硬表面，对苜蓿进行

切削和摩擦而破裂茎秆。利用正压力压榨草粒，并且两磨盘有相对运动，因而对草粒有摩擦作用，工作面可做成圆形和圆锥形。该法用于加工干草，可以磨碎成各种粒度的成品，但含有大量粉末，草粉温度也高。钢磨的制造成本较低，所需动力较小。③压碎，利用两个表面光滑的压辊，以相同的速度相对转动，被加工的苜蓿在压力和工作表面发生的摩擦力的作用下而破碎。④锯切碎，利用两个表面有齿而转速不同的对辊，将苜蓿切碎。工作面上有锐利的切削角的对辊，特别适宜茎秆破碎，并可获得各种不同粒度的成品，产生的粉末较少。但不宜用来粉碎湿度大于18%的苜蓿草，这时会使沟齿堵塞，苜蓿草粉发热。

3. 苜蓿草粉贮存技术

苜蓿草粉属粉碎性产品，颗粒较小，比表面积大，与外界接触面积大。一方面，营养物质易于氧化分解而造成失；另一方面，草粉的吸湿性比其他饲料大得多，在贮运过程中容易吸湿结块，微生物及害虫易乘机侵染和繁殖，严重者导致发热变质甚至变味、变色，丧失饲用价值。因此，优质苜蓿草粉须采取适当的技术措施加以贮存，尽量减少蛋白质及维生素等营养物质的损失。

（1）低温密闭贮存：苜蓿草粉营养价值的重要指标是维生素和蛋白质含量，因此贮存苜蓿草粉期间的主要任务是创造条件，保持这些生物活性物质的稳定性，减少分解破坏。许多试验和生产实践证明,只有低温密闭的条件,才能大大减少苜蓿草粉中维生素、蛋白质等营养物质的损失。在寒冷冬季,可利用自然条件进行低温密闭贮存。

(2)干燥低温贮存:苜蓿草粉含水量为13%~14%时,要求温度在15℃以下;含水量在15%左右时,相应的温度为10℃以下。

(3)添加剂贮存:苜蓿草粉中所含的脂肪、维生素等物质均会在贮存过程中因氧化而变质,不仅影响草粉的适口性,降低质量,甚至引起家畜拒食,食入后因影响消化而降低饲用价值。苜蓿草粉中添加抗氧化剂和防腐剂可防止草粉变质,常用的抗氧化剂有乙氧喹、丁羟甲苯、丁羟甲基苯,防腐剂有丙酸钙、丙酸钠、丙酸等。

第二节　苜蓿草颗粒加工技术

苜蓿草颗粒是指将粉碎到一定细度的草粉原料与水蒸气充分混合均匀后,经颗粒机压制而成的饲草产品。

一、苜蓿颗粒原料的生产与准备

选择颜色青绿或黄绿、具有草香味、品质优的苜蓿青干草作为草粉加工原料,杜绝发霉、变质的苜蓿干草进入加工程序。苜蓿草粉加工选择2毫米筛目饲草粉碎机进行粉碎加工，加工后的草粉定量分装，堆放在干燥的地方备用。

二、苜蓿草颗粒加工与制作

（1）苜蓿草颗粒加工设备：加工设备主要是颗粒机和颗粒机组，小规模生产通常只用颗粒机单机进行制粒，规模化、商业化的苜蓿草颗粒生产更多使用由颗粒机与各种配套设备组成的机组。苜蓿草颗粒的规格，即颗粒直径范围为 10 ~ 16 毫米，容重为 550 ~ 600 千克 / 米^3。

苜蓿草颗粒生产机械主要由搅拌、压粒、传动和机架四个部分组成，可参考的一个加工机组的技术指标如下：

功率：13 千瓦。

工作转速：300 ~ 500 转 / 分钟。

筛子孔径：8 毫米、6 毫米、4.5 毫米、3.2 毫米。

生产率：当孔径为 8 毫米时，300 千克 / 小时；当孔径为 6 毫米时，250 千克 / 小时；当孔径为 4.5 毫米时，200 千克 / 小时；当孔径为 3.2 毫米时，150 千克 / 小时。

颗粒规格：直径 8 毫米、6 毫米、4.5 毫米、3.2 毫米，长度可调节。

可压草粉细度：不大于 1 毫米。

颗粒冷却方式：自然冷却。

（2）苜蓿草颗粒加工流程：①原料混合。根据畜禽的营养要求，配制不同营养成分的苜蓿草颗粒。按照草颗粒配方设计要求，各种配料按单位产量比例与少量草粉预混合，再加入全部草粉混匀，进入下一道加工程序。原料在混合前准确称量，量小的配料必须经过预混。②混合或预混合的原料送入草颗粒成型机。将混合均匀的原料送入草颗粒成型机，进行挤压成型，碎散部分回笼再加工。成型颗粒进入散热冷却装置，冷却后的苜蓿草颗粒含水量不超过13%。由于含水量甚低，长期贮存不会发霉变质。③冷却成型的草颗粒。成型的草颗粒进入冷却装置散热冷却后，送入成品出口。④苜蓿草颗粒分装。苜蓿草颗粒成品在出口定量包装，封口后送入仓库贮藏。

(3)苜蓿草颗粒的标志、包装、运输、贮存：在苜蓿草颗粒的产品包装上应有清晰牢固的标签。草颗粒产品应用不透水的塑料编织袋包装，其重量偏差应不超过净重量的0.5%。产品在运输过程中应防雨、防潮、防火、防污染。苜蓿草颗粒产品贮存时，不得直接着地，下面最好垫一层木架，要求堆放整齐，每间隔3米要留通风道。堆放不宜过高，距棚顶距离不小于50厘米。露天存放要有防雨设施，晴朗天气要揭开防雨布晾晒。

第三节　苜蓿食用与饮用产品加工技术

苜蓿传统上主要用作饲料或绿肥，近年来人们已经把苜蓿当作一种蔬菜来食用，有的炒青制作苜蓿茶。苜蓿嫩茎、叶中含有粗蛋白质、粗脂肪、无氮浸出物和粗纤维，以及胡萝卜素、维生素 B 和维生素 C 等营养物质，还含有皂苷、苜蓿酚、大豆黄酮等异黄酮衍生物以及苜蓿素、瓜氨酸和果胶酸等物质，这都有利于苜蓿食用和饮用产品的开发。

1. 苜蓿罐头加工技术

苜蓿罐头的加工工艺流程为：选料→清洗→盐渍→烫漂→复绿、硬化→装罐→杀菌→冷却→保温→检验→成品。

（1）原料选择：选择肉质饱满、色泽翠绿的新鲜苜蓿为原料。

（2）原料清洗：将原料进行除杂后，放入洗涤槽中用流动的清水充分洗净，捞出沥干水分。清洗过程中严禁揉搓。

（3）盐渍处理：将洗净的苜蓿用3%的氯化钠和0.1%的碳酸钠溶液浸泡，排出苜蓿中所含有的空气和部分水分，使其组织结构更加密实；脱除苜蓿本身带有的青草味，盐渍时间一般为5～6小时。

（4）烫漂处理：将盐渍后的苜蓿放入0.01%的亚硫酸钠溶液中烫漂2～3分钟，溶液的 pH 为8.4，温度为80～85℃。

（5）复绿、硬化：利用锌盐和亚硫酸钠溶液浸泡复绿，使其恢复天然绿色；利用钙盐硬化，以增加产品的脆性。复绿、硬化溶液为0.2%的氯化锌、0.01%的亚硫酸钠及

0.05%的氯化钙，浸泡处理时间为5~6小时。

（6）装罐与密封：将大小均匀、色泽大致相同、组织脆嫩的苜蓿装入玻璃罐中，然后注入温度为85℃、pH为4.5的汤汁，顶隙为6~8毫米。

（7）杀菌与冷却：将密封好的苜蓿罐立即送入杀菌釜中进行杀菌，装罐与杀菌间隔时间不超过0.5小时，杀菌后冷却至40℃左右。

（8）保温与检验：将制作好的苜蓿罐头置于37℃左右的保温库中保存8天，进行检验，剔除胖罐、漏罐、汁液混浊罐等不合格产品，将合格品装箱入库。

2. 苜蓿软罐头加工技术

苜蓿软罐头加工工艺流程为：选料→清洗→碱液处理→热烫→浸渍护色→硬化→装袋→密封→杀菌→冷却→保温→检验→成品。

（1）原料选择与处理：采集鲜嫩的苜蓿，剔除枯萎的茎叶及病虫害叶，使株形基本整齐一致，然后用流动的清水冲洗，除去泥沙及杂质，经修整后沥干水分备用。

（2）碱液处理：将整理好的苜蓿浸泡于0.01%的碳酸钠溶液中，并适当翻动，处理8~10分钟后捞出。然后用清水冲洗，以除去残留的碱液。目的是适当除去叶表层的蜡质成分，有助于下一步硬化及护绿处理时钙离子和锌离子渗透。

（3）热烫：将用碱液处理后的苜蓿在95℃的水中处理

2分钟。热烫的目的是杀灭活性酶，减少氧化褐变；增加组织细胞的渗透性，有利于钙离子和锌离子渗入。通过热烫处理，还可以使其苦涩味降低或消失。要掌握好热烫的时间和温度，不可加热过度，否则会造成营养成分严重损失。

（4）浸渍护色：用240毫克／升的葡萄糖酸锌及100毫克／升的亚硫酸钠溶液进行护绿处理，锌离子取代叶绿素中的镁离子，可以使苜蓿长期保持绿色，但是需要通过加热来促进反应的进行。采用护绿液热烫并进行浸泡，可加速金属离子的渗透和取代反应的进行。护绿液浸泡4～6小时，可使产品保持稳定的鲜绿色。

（5）硬化处理：用氯化钙溶液作为硬化剂，将苜蓿浸泡30分钟后捞出，用清水漂洗干净，沥干水分备用。

（6）装袋：将硬化处理好的苜蓿整理后装入袋内，注入汤汁。

（7）密封：装袋后立即用半自动真空封口机封口，封口后立即检查，不符合要求的应重新装袋、封口。

（8）杀菌与冷却：封口后立即进行杀菌处理，封口与杀菌的间隔时间为0.5小时，以免影响产品组织的嫩脆度。杀菌完成后立即冷却至38℃左右。

（9）保温与检验：制作好的袋装苜蓿在37℃的保温库中保存7天，进行检验，剔除不合格产品，将合格品装箱入库。

3. 苜蓿饮用茶加工技术

苜蓿饮用茶加工工艺流程为：选料→清洗→蒸热→冷却→干燥→切碎→烘焙→粉碎→成品。

（1）原料选择与清洗：在苜蓿株高30～40厘米时，选择无病虫害的幼嫩苜蓿，从顶部采集大小均匀的叶片，清洗干净，沥干水分。

（2）蒸热与冷却：将清洗沥水的叶片用120℃的蒸汽加热5秒，以便杀菌、灭酶，防止叶片氧化褐变和维生素的损失。

（3）干燥与冷却：将蒸热冷却后的苜蓿叶片放入90～95℃的干燥机中高温干燥，同时进行粗揉，脱掉80%的水分。将粗揉后的原料放入干燥机中，用37～40℃的低温干燥空气干燥约8小时，使其含水量降至10%以下。

（4）搅拌烘焙：将干燥的苜蓿叶片放入不锈钢制的加热锅中，烘焙约10分钟，使苜蓿温度升至50℃，除去其带有的青草味，冷却后进行包装。

4. 苜蓿液体饮料加工技术

苜蓿液体饮料的加工工艺流程为：选料→预处理→热烫护色→破碎浸提→粗滤→煮沸→调配→精滤→灌装→杀菌→冷却→成品。

（1）原料预处理：选取幼嫩、水分含量高、新鲜光亮的苜蓿茎叶，剔除有黑点的病虫害叶及枯萎叶，用流动的清水冲洗，除去苜蓿茎叶表面的泥沙与杂质。

（2）热烫护色：将预处理好的苜蓿茎叶在沸水中烫2～3分钟，使茎叶中的酶失去活性，防止酶促褐变，使组织软化，改变细胞的半透性，提高出汁率。

（3）破碎浸提：用组织捣碎机将苜蓿茎叶破碎，加水浸提，浸提温度为55℃，时间80分钟，浸提期间每隔20分钟搅动一次。

（4）调配与精滤：保持苜蓿汁本身特有的清香味，掩盖青草味，精滤可以除去苜蓿汁中细小的微粒及沉淀物，使之澄清透明。

（5）灌装与杀菌：苜蓿汁用灌装机灌入洗净消毒的空罐中密封，然后进行高压灭菌。杀菌完毕后，将其冷却至40℃左右，送入37℃的保温库中进行保存，经检验合格后即为成品，可上市供应。

第四节　苜蓿叶蛋白加工技术

在当前苜蓿加工新技术中，叶蛋白的加工受到世界各国的普遍重视。叶蛋白又称为绿色蛋白浓缩物（LPC），是以新鲜的牧草或其他青绿植物为原料，经压榨后，从其汁液中提取的浓缩粗蛋白质产品。苜蓿是叶蛋白加工的重要原料，这主要基于：一苜蓿蛋白质含量高，干物质中粗蛋白质的含量平均达22%左右；二苜蓿叶量丰富，从刈割期、刈割次数、产草量和种植范围等方面综合评定，叶量比较高；三苜蓿叶片品质好，不含有毒成分及胶质、黏性物质；四单位面积叶蛋白产量高，苜蓿的生长速度快、再生性强，可多次刈割。

1. 苜蓿叶蛋白的主要作用

苜蓿叶蛋白营养丰富，粗蛋白质含量50%～60%。用苜蓿叶蛋白喂猪，可完全替代脱脂乳饲喂仔猪，仔猪日增重提高10%以上；用叶蛋白替代日粮中的全部鱼粉饲喂育肥猪，增重不受影响，但饲养成本显著降低。

叶蛋白的氨基酸种类齐全且配比合理，赖氨酸和苏氨酸的含量最高。用叶片蛋白饲喂蛋鸡和肉鸡效果良好，蛋鸡日粮中用叶蛋白代替鱼粉，鸡的产蛋率不受影响，而蛋的品质提高；用苜蓿叶蛋白替代肉鸡饲料中75%的动物性蛋白饲料，肉鸡增重可提高10%左右。

苜蓿叶蛋白含有较多的叶绿素。苜蓿叶蛋白用于鱼饲料，可提高鱼肉的鲜美程度。

苜蓿叶蛋白含有丰富的胡萝卜素和叶黄素，胡萝卜素含量300毫克/千克以上，高的达500～800毫克/千克，叶黄素含量在1 100毫克/千克左右。胡萝卜素可以转化为维生素A，叶黄素是天然色素。用苜蓿叶蛋白喂畜禽，可以对机体代谢紊乱症状有明显的医治作用。叶黄素是禽类蛋黄、脂肪及皮肤色素的极好来源，可增加蛋黄及脂肪的颜色，提高其商品价值。此外，苜蓿叶蛋白含有促进畜禽生长发育的未知因子，可提高畜禽的抗病力，降低发病率。

2. 苜蓿叶蛋白加工技术

（1）苜蓿适时收获：用苜蓿生产叶蛋白的适宜时期在现蕾期，现蕾期的苜蓿要及时刈割，尽快加工，以免苜蓿植株和叶片受自身酶作用和微生物繁殖侵染，影响叶蛋白产量和品质。在现蕾期收获的苜蓿含水量为80%～82%，草汁榨取较多，占鲜重的50%～60%。从原料收割到制成叶蛋白成品的整个过程所用时间越短，叶蛋白的产品率越高，蛋白质和维生素等营养成分的含量也越高。

（2）原料磨碎、打浆和压榨：苜蓿叶蛋白浓缩物属于功能性蛋白质，主要由细胞质蛋白和叶绿体蛋白组成。其中35%～45%为难溶性的结构蛋白，55%～65%为溶解性能良好的水解蛋白。因此，要加工生产苜蓿叶蛋白，需要首先将植物的细胞壁打开，破坏细胞结构。

打浆研磨是把蛋白质充分提取出来的重要一步，打浆研磨时不一定要研磨得特别细，过细反而不利于叶蛋白生产。苜蓿叶蛋白生产，采用集粉碎、打浆和压榨于一体的多功能压榨机，小规模苜蓿叶蛋白生产可用普通粉碎机打浆，一般需要打三遍。有时为了打浆容易，能够提取更多的叶蛋白，第二遍和第三遍打浆时可适当加入一些水，以使打浆更容易，分离更多的浆汁。压榨机压力愈大，草渣中残留的汁液愈少，蛋白质提取率愈高。

(3)苜蓿叶蛋白的提取：苜蓿打浆压榨获得的浆汁，通过加热、发酵及加酸、加碱等处理，使汁液中的蛋白质凝集，然后提取叶蛋白。

①加热凝固处理。采用蒸气或直接加热，使压榨并滤出的苜蓿汁液温度达到90℃，叶蛋白在几分钟内凝集。加热速度愈快，凝集的蛋白质颗粒愈大、愈紧实。为使汁液中的叶蛋白能充分提取出来，一般采用分次加热的方法，即先加热至60~70℃，快速冷却至40℃，滤取凝集的蛋白质后，再迅速加热至80~90℃，并持续2~4分钟，再滤取凝集的蛋白质。

②酸化加热或碱化加热凝集处理。酸凝聚处理，是在压榨获得的汁液中加入一定量的盐酸或乳酸，使pH达到4.0~6.0，然后加热，使叶蛋白凝集出来。碱凝集处理，是在压榨后的汁液中加入一定量的氢氧化钠等，使汁液的pH为8.0~8.5，然后立即加热，使之凝集。酸化和碱化处理可以得到较多的叶蛋白凝集物，叶蛋白凝集物不易分离。

③发酵处理。将压榨后收集的汁液放在厌氧条件下发酵2天左右，利用乳酸杆菌产生的乳酸，使叶蛋白凝集出来。发酵处理不仅节省能源，而且能有效地破坏一些对畜禽等动物有害的物质。发酵处理时，应控制好发酵时间，防止发酵时间过长，苜蓿叶蛋白的酶解作用延长，导致叶蛋白中的营养损失。

(4)苜蓿叶蛋白的分离：苜蓿叶蛋白的分离比较简单，

一般采用细纱网或滤布直接进行过滤,将苜蓿叶蛋白凝集物分离出来。在开展工厂化或规模化生产时,苜蓿叶蛋白的分离可采用离心机或压滤机,将其压制成含水量60%左右的叶蛋白湿饼。

(5)叶蛋白的干燥:经过分离获得的苜蓿叶蛋白水分含量高,一般达50%~60%,常温下易发霉变质,需干燥后方可长期保存。苜蓿叶蛋白常用的干燥方法有烘干、晾干、喷雾干燥和冷冻干燥等。其中,喷雾干燥法可生产出较好的叶蛋白产品,目前采用的较多。冷冻干燥能生产出高品质叶蛋白产品,但成本高,适用于生产高档叶蛋白产品。

(6)叶蛋白贮存:为便于苜蓿叶蛋白保存,在压榨和打浆过程中加入一些防腐剂,如食盐、碳酸氢钠等,可抑制有害菌繁殖,也便于分离干燥后叶蛋白产品的贮存。

第七章
苜蓿饲草产品的质量评价

苜蓿收获加工调制的草产品的质量会影响其利用效果和商品特性，因此做好营养质量评价是实现优质优价的关键环节。

第一节　苜蓿干草营养价值

苜蓿干草质量主要从营养成分含量、适口性、采食量和消化率等方面来衡量和评价。

一、苜蓿干草营养成分

苜蓿干草营养成分的评价指标主要是干物质、粗蛋白质、中性洗涤纤维（NDF）和酸性洗涤纤维（ADF）含量，以及相对饲料价值（RFV）等，前四个指标是通过实验室化验得出，而 RFV 则是通过计算得到。

1. 水分

苜蓿干草水分含量一般应在15%以下，目前进口苜蓿的水分含量一般都在14%以下，而国产苜蓿的水分波动较大。需要注意的是，当苜蓿干草水分含量大于15%时，就会有霉变的风险。

2. 粗蛋白质

粗蛋白质是衡量苜蓿质量的重要指标之一，进口苜蓿粗蛋白质一般在18%~22%，而国内苜蓿的波动范围比较大，质量差的苜蓿粗蛋白质含量只有13%~14%，质量好的苜蓿粗蛋白质同样可以达到20%以上。苜蓿草的粗蛋白质含量与收获时间有关，刈割越早，叶片的比例越高，其粗蛋白质含量也越高。苜蓿的消化主要在瘤胃内，因此苜蓿瘤胃降解蛋白（RDP）的比例较高。

3. ADF 和 NDF 含量

酸性洗涤纤维（ADF）是由木质素和纤维素构成的，木质素是不能被消化的，因此 ADF 含量越高，苜蓿的消化率就越低。中性洗涤纤维（NDF）是由木质素、纤维素和半纤维素组成的，苜蓿 NDF 含量越高，动物的采食量就越低，苜蓿的 NDF 含量一般低于44%为好。

4. 相对饲料价值（RFV）

RFV 是美国广泛使用的粗饲料质量评定指数，反映了苜蓿可消化干物质的采食量（DMI）。其关系为 RFV=DMI（%BW）× DDM（%DM）/1.29。其中：DMI 为粗饲料干物质的自由采食量，单位为占体重的百分比；DDM为可消化干物质，单位为 %DM。DMI(%BW)=120/NDF，DDM(%DM)=88.9-0.779ADF。根据上述公式，只要检测苜蓿中的 NDF 和 ADF，就可以计算出牧草的 RFV。

5. dNDF 和 NDFD

除 NDF 含量外，dNDF(可消化中性洗涤纤维)和NDFD(中性洗涤纤维消化率)也是苜蓿草很重要的评价指标。dNDF 是指可消化的 NDF 占日粮的百分比，NDFD 是可消化的 NDF(dNDF)占总 NDF 的百分比，表示纤维的消化能力。这两项指标可以通过近红外(NIR)方法估测并加以评价。

二、苜蓿干草品质的影响因素

1. 品种

现代苜蓿育种开始注重饲草品质，如多叶苜蓿育种、低木质素苜蓿育种、抗臌胀病苜蓿育种等。显然，高品质品种可以较好地提高苜蓿粗蛋白质的含量，提高纤维素的消化率。多叶苜蓿可提高叶量 1% ~ 2%。对苜蓿干草叶量影响最大的是适宜刈割期的选择和机械化收获技术的应用。

2. 收获时间

成熟度对苜蓿营养成分含量的影响主要表现在叶片含量、蛋白质含量、能量、维生素和矿物质元素随成熟度增加而减少。相反，茎秆比例、纤维素和木质化程度会随之增加。特别是苜蓿开花以后，营养成分快速下降，蛋白质含量以每日0.5%的速度下降，而NDF和ADF含量急速增加，并且伴随着NDF的消化率急速下降。

一般情况下，现蕾期的苜蓿营养非常丰富，而且产量也比较高，单位面积土地所生产的总的可消化营养物质（TDN）最高，销售价格也高，养殖者的饲喂效益也高，种植者和使用者均能获得最佳的效益。传统的最佳收获期为初花期，但根据畜禽饲养试验，苜蓿最佳的收获期提前到了现蕾期，这时收获的苜蓿含粗蛋白质20%以上，NDF ≤ 40%，ADF ≤ 30%，RFV ≥ 150；初花期收获的苜蓿粗蛋白质含量18% ~ 20%。我国苜蓿收获期大多在初花期以后，甚至在盛花期开始，这是造成国产苜蓿草质量不高、饲喂效果不好的原因所在。

苜蓿叶量在返青期和分枝期最高，开花后叶的比例开始明显下降，NDF和木质化程度开始快速提高。收获时间是影响苜蓿品质的最重要因素之一，不同生育期刈割，收获的苜蓿质量大不相同，现蕾期刈割可以生产出特级苜蓿干草，初花期刈割则可以生产出一级苜蓿干草，盛花期刈割则只能生产出三级苜蓿或三级以下干草。

3. 收获方式

现蕾期至开花期一般为10 ~ 15天的时间，要保证在现蕾期刈割和收获完毕，必须保证有足够的收获机械配套，并且要使用收割压扁同步收获机械，使茎秆和叶片同步晒干,避免叶片过干,在捡拾打捆时大量脱落,造成干物质损失和叶片损失以及营养损失。

4.贮存与加工

苜蓿贮存的损失主要是淋雨、潮湿发霉和日照氧化所造成的营养损失。加工容易造成叶片粉碎和脱落,一般加工会造成1%~3%的营养物质损失。苜蓿不同部位营养成分不同,苜蓿蛋白质主要集中在叶片中,一般含蛋白质22%~26%。叶片在干草中的比重越低,蛋白质含量就越少,NDF含量越高。在现蕾期刈割,叶片的比重一般在40%以上。但是如果在田间晾晒时间过长、收获时叶片脱落太多,运输和加工时叶片浪费较多,都会造成蛋白质、营养物质的流失。

第二节　苜蓿干草质量评价与分级

在对苜蓿进行实验室检测的基础上,根据苜蓿买卖双方对苜蓿干草的主观评价以及外界因素的影响,包括杂草和发霉、成熟度、茎秆柔软度、叶量多少以及干草颜色等对草产品进行分级。

美国农业部(USDA)将苜蓿干草划分为五个等级:特级、优级、一级、二级和三级。

特级:非常早熟,初花期,茎柔软,优质,叶量丰富,干草颜色非常好,无损伤。

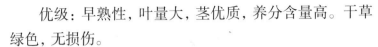

优级：早熟性，叶量大，茎优质，养分含量高。干草绿色，无损伤。

一级：比较早熟，有叶，茎优质到中等，无损伤，污点很少。

二级：晚熟，叶量中等到少，茎较粗糙。干草有轻度损伤。

三级：干草非常晚熟，茎粗糙。这个级别干草由于过度损伤已经大打折扣，有杂草和霉变。

根据国外苜蓿草标准，我国颁布了苜蓿干草的标准，基本与国际先进标准接轨，并加入杂草率指标，但没有注明刈割期和酸性洗涤纤维及 RFV，该标准为我国苜蓿生产提供了质量评价参考。我国苜蓿生产仍在沿用最佳刈割期为初花期的概念，单方面追求苜蓿农艺学产量，而忽视单位土地面积的总营养物质产量，造成大部分苜蓿干草产品的质量处于二级和三级水平，甚至三级以下的水平。

第三节　苜蓿草的质量与定价

苜蓿干草只有优质优价，才能兼顾种植者和使用者双方的利益，才能实现买卖双方双赢。为此，美国威斯康星大学奶牛粗饲料研究中心提出了苜蓿干草定价方案，Y=0.88X-22.3，Y 为每吨苜蓿草的价格（美元），X 为相对饲料价值（RFV）。这个公式可以供国内苜蓿种植者和使用者参考，综合考虑汇率、地区运费差异，可以对不同地区的系数进行调整。抑或是找出当地苜蓿的平均级别和对应的价格，然后根据不同级别调整。

第四节 苜蓿草粉质量评价与分级

苜蓿干草粉是以苜蓿为原料，经人工干燥或自然晒干后，再粉碎加工制成的草粉。

一、苜蓿草粉生产

苜蓿草粉是用在现蕾期至开花初期收获的苜蓿，经人工干燥或自然干燥，再经粉碎制成。草粉中不得含有有毒和有害物质，不得掺有本草粉以外的物质。若加入抗氧化剂、防霉剂等添加剂，应说明所添加的成分与剂量。草粉的粒径按筛选法进行确定，依据用途加工成粗粒或细粒，粗粒草粉主要适用于压缩颗粒、草饼，细粒草粉主要适用于配合饲料。

二、苜蓿草粉质量评价

苜蓿干草粉质量评价指标主要有感官性状、质量检测评价。

1. 感官性状评价

主要对苜蓿草粉的形状、色泽、气味等作出评价，要求草粉粉状、无结块；暗绿色、绿色或淡绿色；有草香味、无异味；无发酵、无发霉、无变质。

2. 营养成分测定

对苜蓿草粉的水分、粗蛋白质、粗纤维、粗灰分和胡萝卜素等进行测定。

三、草粉质量分级

干草粉以水分、粗蛋白质、粗纤维、粗灰分及胡萝卜素为质量控制的主要指标，按含量分为四个等级，苜蓿草粉质量分级如表1。

表1 苜蓿干草粉质量分级表

质量指标	等级标准			
	特级	一级	二级	三级
粗蛋白质（%）≥	19.0	18.0	16.0	14.0
粗纤维（%）<	22.0	23.0	28.0	32.0
粗灰分（%）<	10.0	10.0	10.0	11.0
胡萝卜素（毫克/千克）≥	130.0	130.0	100.0	60.0

第五节 苜蓿青贮和半干青贮饲料质量评价

苜蓿青贮是指适期收获的苜蓿在密闭条件下利用其表面附着的乳酸菌的发酵作用，或者在外来添加剂的作用下，使苜蓿原料 pH 下降而保存的饲料。苜蓿半干青贮则是通过降低苜蓿水分，限制不良微生物繁殖和丁酸发酵，从而获得稳定品质的青贮饲料。苜蓿青贮和半干青贮饲料质量评价指标主要包括：①感官指标，对青贮饲料颜色、气味和质地等的评价；② pH，青贮饲料试样浸提液所含氢离子浓度的常用对数的数值，用于表示试样浸提液的酸碱度。③营养指标，对苜蓿青贮饲料和半干青贮饲料的营养成分进行分析。

1. 感官质量评价与分级

苜蓿青贮饲料和半干青贮饲料的感官质量评价指标与分级如表2。

表2　苜蓿青贮饲料和半干青贮饲料的感官指标及质量分级

指标	等级		
	一级	二级	三级
颜色	亮黄绿色或黄绿色	黄绿色带褐色或黄褐色	褐色或黑色
气味	酸香味	刺激酸味	臭味、氨味或霉味
质地	干净清爽，茎叶结构完整，柔软物质不易脱落	轻微黏性，柔软物质略与纤维分离	黏性，柔软物质与纤维分离，发热或霉变

2. 发酵指标评价及分级

苜蓿青贮饲料和半干青贮饲料的发酵酸度指标评价

与分级如表3。

表3 苜蓿青贮饲料和半干青贮饲料的发酵酸度指标评价与分级

指标		等级		
		一级	二级	三级
PH	青贮饲料	≤ 4.2	≤ 4.8	> 4.8
	半干青贮饲料	≤ 4.8	≤ 5.2	> 5.2

3. 营养指标评价及分级

苜蓿青贮饲料和半干青贮饲料的营养指标评价与分级如表4。

表4 苜蓿青贮饲料和半干青贮饲料营养指标评价与分级

指标	等级		
	一级	二级	三级
粗蛋白质（%）	≥ 22	≥ 20，< 22	≥ 18，< 20
中性洗涤纤维（%）	< 35	≥ 35，< 40	≥ 40，< 45
酸性洗涤纤维（%）	< 25	≥ 25，< 30	≥ 30，< 35

注：粗蛋白质、中性洗涤纤维、酸性洗涤纤维以占干物质的量表示。

第八章

苜蓿科学利用模式与技术

苜蓿既是优质饲草作物，又是可以深度开发利用的食材、蜜源植物与生态环保植物，可根据开发利用目标定位，进行科学利用。

第一节　苜蓿饲草化利用模式

苜蓿是优质饲草，畜禽均喜食。苜蓿饲草化利用方式在生产上应用较多的主要有四种，即放牧利用、青饲、青贮和调制干草。干草可以深加工，制成高质量的苜蓿草粉和苜蓿颗粒饲料，苜蓿草粉可以搭配其他饲料原料生产全价配合饲料用于畜禽养殖。

畜禽可以在苜蓿种植地上直接放牧，特别是草食畜禽，但要做到放牧与补充精饲料相结合，这样才能收到更好的饲养效果。在建立放牧牛羊等反刍家畜的苜蓿草地时，一般要与禾本科牧草如黑麦草、羊茅等搭配种植。单一苜蓿地放牧，牛羊会发生臌胀病的问题，专用放牧苜蓿地要与禾本科牧草混播，禾本科牧草如黑麦草、羊茅等的比例在80%，苜蓿所占比例20%。同时，牛羊放牧利用时，要在牛羊采食一些干饲草或其他饲料基础上再放牧，避免牛羊空腹采食草地上的鲜苜蓿。在放牧季节，特别是春季，苜蓿返青生长时期，要避免牛羊长时间放牧利用，杜绝牛羊贪青而发生臌胀病。

苜蓿还可以制作青贮饲料加以利用。苜蓿制作青贮饲料，根据制作方法分为：高水分青贮，水分含量75%~85%；常规青贮，水分含量55%~70%；低水分半干青贮，水分含量40%~55%；拉伸膜裹包青贮和塑料袋青贮等。为了提高苜蓿青贮饲料的效果，可以将苜蓿与饲用高粱、青贮玉米等混合制作混合青贮，以解决苜蓿单独青贮糖分不足，难以保证乳酸菌正常繁殖和形成足够乳酸抑制有害微生物生长繁殖的问题，确保青贮质量和饲用效果。苜蓿混合青贮饲料，苜蓿比例为60%~70%，青贮禾本科饲料作物或农作物秸秆的比例为30%~40%。

苜蓿青贮的适宜温度为20~25℃，一般不高于37℃。通过压实、密封和发酵建立厌氧发酵条件，为乳酸菌生长繁殖创造一个缺氧环境。收获的苜蓿原料含水量65%~70%。补充青贮所需的糖分，青贮时生长繁殖1克乳酸菌一般需要消耗1.7克葡萄糖。苜蓿青贮时，糖与蛋白质的适宜比例为(0.75~1.5):1；低于0.5:1时不利于青贮。苜蓿青贮的适宜 pH 在4以下。

　　苜蓿青贮用于饲喂畜禽时，初次饲喂应与干草混合搭配，先将少量苜蓿青贮料混入干草，并加入精料引饲，饲喂量由少到多，逐渐加大，一般经7天左右的适应期可以增加到适宜的饲喂量。当苜蓿青贮用青贮池贮存时，取用青贮饲料要从一端开始，逐段取用，并且每段都要自上而下，每次苜蓿青贮饲料的取用量依据畜禽饲喂的数量决定，每次取料当天喂完，每次取料后应立即将开口封好，以防青贮饲料产生二次发酵或雨雪渗入。苜蓿青贮料酸度过大时可用5%～15%的石灰粉中和后饲喂。冬季应随喂随取，禁止饲喂带霜冻的苜蓿青贮，发现有冰冻的苜蓿青贮饲料，应先解冻后饲喂。

　　苜蓿干草作为牛羊等草食动物的优质饲草，可以直接饲喂，也可以与青贮料、青饲料和精饲料一起搭配成全混合日粮，以便获得良好的饲喂效果。

　　将苜蓿干草加工成草粉，作为配合饲料的原料配制成精料饲喂猪鸡等畜禽，是畜禽蛋白质和维生素的重要补充来源。苜蓿干草也可以加工成草颗粒，直接饲喂畜禽，或配合其他饲料饲喂畜禽；还可加工成草饼和草块，压碎或碾碎后同精料配合饲喂畜禽。苜蓿深加工获得的苜蓿叶蛋白可以作为优质蛋白质饲料原料制作配合饲料，替代鱼粉和豆粕等蛋白质饲料。

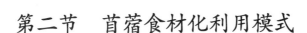

第二节 苜蓿食材化利用模式

苜蓿产量高，营养丰富，适口性好，且含有一些未知的促进生长因子，可以作为食材加以开发利用。

苜蓿的嫩茎叶色泽鲜美、味道清香，深受群众喜爱，可煮、炒、拌，也可做成馅，包饺子、蒸包子。另外，将青嫩苜蓿速冻，做成细粉，是理想的中老年保健、减肥食品，目前市场上已有销售。苜蓿菜近年来开发很快，是一种时令蔬菜，包装上市后十分畅销，美国早已普遍利用，可以做汤、凉拌。苜蓿菜含有较高的纤维、矿物质元素和丰富的维生素，是上乘的蔬菜。苜蓿可以做成汁液饮料、食品点心等，在国外市场上已有苜蓿饮料和苜蓿饼出售，是幼儿和中老年人喜食的绿色食品。苜蓿作为食品利用，有广阔的市场。苜蓿含有异黄酮物质，与其他豆类食品一样对高血压、高血脂有调节作用，对提高机体免疫力有促进作用。苜蓿含有的果胶，可以用作食品黏合剂，无任何毒害，具有良好的开发利用前景。苜蓿蛋白质丰富，可以广泛应用于绿色环保食品生产。随着苜蓿产业化的发展，苜蓿的食用和饮用功能将得到深度开发利用。

第三节 苜蓿蜜源植物的利用模式

苜蓿生产与蜜蜂产业的发展相互促进、相互依赖。

苜蓿花期长，花量大，而且苜蓿多为连片大面积种植，能为蜜蜂采集花蜜创造良好条件，促进蜜蜂养殖产业发展。盛花期的苜蓿草地，一群蜜蜂可产蜜20～25千克。苜蓿每日开花的时间主要集中7：00～16：00，而这段时间也是蜜蜂采集花粉产蜜最活跃的时间，养蜂采蜜是扩大苜蓿利用范围和增加经济收入的重要方式。同时，苜蓿是异花虫媒授粉植物，特别是苜蓿种子基地，通过养蜂传粉授粉，苜蓿种子产量可提高5%～10%。

第四节　苜蓿生态环保利用模式

苜蓿是多年生豆科植物，茎叶繁茂，夏季可以阻拦雨水对土壤的物理冲刷和地面径流，并吸收水分，保持土壤湿润；秋冬季不会使土壤表层受到大风侵蚀，减少空气中的风沙含量，对水土保持和生态环保有重要作用。苜蓿根系强大，根瘤多，种植三年的苜蓿根系总量达9吨／公顷，其中50%分布于0～30厘米的耕作层内，使土壤有机质含量增加6.1%～9.3%，对贫瘠的沙壤、盐碱地有良好的改良作用。根瘤能固定空气中的氮素，每公顷苜蓿能固定空气中90～240千克的氮，相当于450～1 200千克的硫酸铵。种植苜蓿的土壤中含氮量和有机质增加，并随着种植年限的增长，土壤肥力不断提高。春季苜蓿返青早，使大地较早地披上绿装，秋季苜蓿枯黄晚，延长了田间绿色期，为小动物、小鸟创造了良好的栖息生存环境，苜蓿地还可以成为生态旅游观光场所。

第五节　苜蓿在奶牛养殖中的利用

奶牛生产效率提升与优质高产牧草特别是苜蓿的供给密切相关。实践表明，苜蓿干草营养价值高于传统的玉米秸秆和羊草，在奶牛日粮中加入适量苜蓿干草可以提高产奶量、改善乳成分和奶牛体质，提高经济效益。

苜蓿对奶牛来说是优质饲草，用苜蓿饲喂奶牛能提高产奶量。单产7吨的奶牛，在日粮中搭配9千克苜蓿干草并采用合理的日粮配方，产奶量可提高到9吨以上，每千克牛奶的生产成本显著下降，经济效益显著提高。目前，苜蓿干草配合利用技术在全省中大型奶牛场得到推广应用。

1. 对牛奶质量的影响

用苜蓿饲喂奶牛，不仅能提高产奶量，还可以改善牛奶的质量，提高乳脂率和乳蛋白含量，增加牛乳中维生素含量，特别是脂溶性维生素。利用苜蓿干草和半干青贮饲喂奶牛，产乳量明显提高，乳脂率由3.4%提高到3.5%。用苜蓿替代部分精料饲喂奶牛，能提高乳脂率，不影响乳产量。

2. 对奶牛健康的影响

苜蓿干草可以促进奶牛咀嚼、反刍和唾液分泌，随唾液分泌大量碱性的缓冲物质进入瘤胃，对于保持瘤胃正常的pH有重要作用，这也是预防瘤胃酸中毒的重要基础。饲喂苜蓿干草对奶牛血液理化性质影响不大，虽然苜蓿干草钙含量高，但尚未发现血钙和乳钙偏高的事例，对其他生理指标如呼吸次数、直肠温度、脉搏次数等影响不显著。到目前为止，尚未发现苜蓿干草本身对奶牛的毒害作用。饲喂苜蓿可以降低牛奶中的体细胞数，饲喂3千克苜蓿的奶牛体细胞数16.2万，饲喂9千克苜蓿体细胞数只有8.6万，表明饲喂苜蓿对奶牛健康有帮助。

3. 奶牛日粮中的苜蓿适宜添加量

苜蓿干草在奶牛养殖中的使用量需要考虑两个方面的问题，即苜蓿对奶牛生产成本的影响和苜蓿对奶牛日粮配方的影响。

苜蓿在奶牛日粮中的添加量增加，需要对奶牛日粮配方做出调整。一般高产奶牛的添加量，每日可选择饲喂3千克、6千克和9千克，也可以是2千克、4千克和8千克，随苜蓿干草添加量的变化，要对奶牛的日粮配方进行相应调整。苜蓿在高产奶牛日粮干物质中的占比为10%~15%，一头奶牛日采食20~24千克干物质，其中苜蓿干草2~4千克。把苜蓿加到6千克，可以减少精料喂量和全株玉米青贮的喂量，全株玉米青贮的比例由20%降低到18%。在增加苜蓿干草用量的同时，可以在日粮中添加一定量的DDGS来补充过瘤胃蛋白。苜蓿干草饲喂9千克，苜蓿占日粮干物质的38%，精料占38%，全株青贮占8%，可用于饲喂日产奶达到40~45千克的高产奶牛。

奶牛营养需要主要从日粮粗蛋白质（CP）、中性洗涤纤维（NDF）和产奶净能（NEL）三个方面考虑。从CP方面考虑，奶牛日粮干物质中粗蛋白质含量在泌乳初期应为18%左右，以后随着泌乳阶段的延迟而逐渐降低。优质苜蓿干草的粗蛋白质含量通常在18%以上，所以用苜蓿干草代替玉米青贮、羊草干草、玉米秸秆以及部分精料仍能够满足奶牛各泌乳阶段对于日粮粗蛋白质含量的要求。单纯从日粮粗蛋白质角度看，似乎用100%的苜蓿干草都可以，但实际上苜蓿干草粗蛋白质的瘤胃降解率在70%以上，缺乏过瘤胃蛋白，所以需要与过瘤胃蛋白含量较高的蛋白质饲料配合使用，在日粮中的使用量就不可能达到100%。

从NDF角度看，苜蓿干草的NDF含量低于玉米青贮、羊草和玉米秸秆，但第一茬刈割的苜蓿干草NDF含量可达到40%。奶牛如果100%采食苜蓿干草，则DMI远远达不到采食全混合日粮（TMR）的DMI，势必会带来NDF过量采食，而粗蛋白质摄入不足，产奶净能的摄入量更是远远不能满足产奶需要，从而严重降低产奶量。

苜蓿干草产奶净能（NEL）一般为5.3MJ/kgDM左右，虽然高于玉米青贮、羊草和玉米秸秆，但单独饲喂苜蓿干草是不能满足奶牛产奶净能需要的，必须配合一定量的精料才能满足。

总之，苜蓿干草在奶牛中的适宜添加量必须根据奶牛各阶段的营养需要通过日粮配方确定。苜蓿干草的CP、NDF含量都超过奶牛营养需要，唯独产奶净能低于需要，因此应优先从产奶净能的角度考虑苜蓿干草的适宜添加量。

奶牛日粮的精粗比控制在3:2左右较为合适。苜蓿干草占日粮干物质的比例一般为40%~50%，产奶量可保持在9吨以上。

4.霉变苜蓿对奶牛的危害

目前，国产苜蓿市场提供的苜蓿多由苜蓿种植企业或种植户供应，大型饲养场为满足自己养殖需要也有自种自用的。由于苜蓿种植区多为雨热同季的地区，苜蓿生长和刈割与雨季重叠，在这种温暖、潮湿的环境下，收获苜蓿晒制干草极易出现霉变现象。同时，苜蓿蛋白质含量高、营养丰富，制成的苜蓿干草容易吸潮，也极易发霉变质。

苜蓿收获利用过程中，造成霉变的因素有两个，一是在收割后的晾晒过程中受到雨淋，苜蓿变黑；二是苜蓿在田间打捆时未干透，在贮藏过程中返潮，造成草捆中间生热霉变。发生霉变的苜蓿营养成分被破坏，产生不良气味，酸度上升，霉菌产生毒素，发热、结块、发黑，使苜蓿逐步甚至完全丧失饲用价值。

由于霉变苜蓿没有清香味并带有异味，用其饲喂奶牛会造成奶牛采食量下降。如果奶牛采食了发霉的苜蓿，会出现瘤胃弛缓、反刍减少等消化功能紊乱以及流涎等一些中毒症状；产奶量急剧下降，甚至影响奶质量，牛奶的乳蛋白、乳脂和乳糖含量都达不到标准乳的要求。长期饲喂霉变苜蓿的奶牛会出现营养不良，还会影响到发情，孕牛甚至出现流产。因此，用霉变苜蓿饲喂奶牛不仅危害奶牛健康，还会给奶牛饲养带来经济损失。

控制苜蓿霉变需要做好从收获到保存全过程的防霉工作，一是在刈割、晾晒、打捆期间防止苜蓿发生霉变。根据天气变化，选择在晴天进行收割、晾晒，打捆时将水分含量控制在15%以下，以控制白曲霉、黄曲霉生长繁殖。二是苜蓿贮存时的霉变控制，选择地势较高、平坦、干燥、排水良好的地方存放苜蓿。露天存放苜蓿，应用塑料布或雨布遮盖，以防雨淋或吸潮；仓储苜蓿，要留出通风道。贮藏过程中要经常检查，发现苜蓿受潮要及时处理。三是苜蓿利用方式以青饲或青贮为主，这样既解决了蛋白质含量下降的问题，又解决了霉变的问题，还提高了苜蓿的适口性。霉变苜蓿的异味很难去除，损失的营养物质也无法逆转，在饲喂苜蓿前或加工含有苜蓿的饲料前，应将严重霉变部分剔除干净，以免引起中毒；轻微霉变的苜蓿，可用1%氢氧化钠浸泡过夜，用清水清洗干净后再饲喂，以免给奶牛生产造成不必要的损失。

5.苜蓿青贮在奶牛养殖中的应用

奶牛饲喂苜蓿青贮可以提高奶牛的干物质采食量和产奶量。在奶牛日粮中添加苜蓿青贮，牛奶的乳脂率可以维持在3.8%以上,乳蛋白含量达到3.2%~3.3%。

奶牛饲喂苜蓿青贮可以提高奶牛的饲料转化率,在泌乳中期奶牛的饲料转化率为1:2.5,也就是1千克精料可以产出2.5千克的标准乳。奶牛日粮中添加8千克苜蓿青贮,仍有良好的效果,这是因为苜蓿青贮时一般都是半干青贮,干物质含量45%。从干物质看,1千克的苜蓿半干青贮约等于0.5千克的苜蓿干草。

奶牛饲喂苜蓿青贮,一般将4千克或8千克苜蓿青贮添加到日粮中。奶牛的基础日粮组成为60%精料+20%羊草+20%全株玉米青贮,添加4千克苜蓿青贮时,按干物质减少精料用量;添加8千克苜蓿青贮时,在减少精料喂量的同时,相应地减少玉米青贮喂量,这两种方式均能获得良好的饲养效果。

第六节　苜蓿在养鸡生产中的应用

苜蓿在养鸡生产中的应用主要是以草粉作为鸡饲料的组分按一定比例进行添加利用,苜蓿草粉添加的比例根据鸡的生产用途和生长阶段来确定。

一、苜蓿在肉鸡生产中的应用

肉鸡饲料中添加苜蓿草粉可以提高肉鸡的生产性能、抗病能力,改善肉质与风味。在21~42日龄肉鸡的饲料中添加5%、7.5%和10%的苜蓿草粉,能够显著提高肉鸡体重及日增重，可降低料肉比10%～20%，提高饲料转化率，肉鸡腹脂率降低7%～15%，胸肌率提高8%～12%。

肉鸡饲料中添加4%、8%和10%的苜蓿草粉，肉鸡的三个重要免疫器官都发生变化，胸腺指数、法氏囊指数和脾脏指数都显著提高。随着苜蓿草粉添加比例的增加，肉鸡血清中免疫球蛋白有升高趋势，血液中淋巴细胞转化率、血凝抑制价均显著提高。

肉鸡日粮中添加5%的苜蓿草粉，可显著降低肉仔鸡血清总胆固醇、甘油三酯和低密度脂蛋白胆固醇的水平，显著提高高密度脂蛋白胆固醇水平。添加苜蓿草粉饲喂肉鸡可以提高屠宰率、胸肌率和腿肌率，鸡的肉品质和风味明显改变。

二、苜蓿在蛋鸡生产中的应用

蛋鸡日粮中添加苜蓿草粉对蛋鸡生产性能和蛋品质有显著影响。在蛋鸡饲料中添加3%、5%和8%的苜蓿草粉，添加3%的草粉可以显著降低蛋鸡饲料采食量和料蛋比，不影响蛋重和蛋壳厚度，蛋黄指数显著提高。随着草粉添加量的增加，蛋黄的比色度提高，蛋黄中胆固醇含量明显降低。添加5%的苜蓿草粉饲喂蛋鸡，蛋鸡产蛋率有所提高，料蛋比下降4%，蛋形指数、蛋壳厚度升高，蛋黄颜色和哈氏单位有所提高。

第七节　苜蓿在养猪生产中的应用

猪对苜蓿的利用主要依靠大肠微生物发酵，猪大肠发酵纤维的最终产物是挥发性脂肪酸，主要包括乙酸、丙酸和丁酸以及气体如 H_2，CO_2 和 CH_4，挥发性脂肪酸可提供生长猪 5% ~ 30% 的能量需要。猪大肠在不需要酶的情况下对果胶和纤维素等具有很高的消化力。猪饲喂添加苜蓿草粉的日粮，采食量提高，消化物通过胃肠道的速度加快。但当苜蓿添加比例过高时，猪增重速率下降，并且大肠微生物也发生变化。给猪饲喂苜蓿草粉比例为40% 以上的日粮，大肠微生物数量开始有所下降，随后逐渐恢复，纤维素分解菌数量显著上升。猪饲喂添加苜蓿的日粮，胃液、胆汁和胰液分泌增多。日粮中添加苜蓿草粉的比例提高，猪结肠重有所增加，肝、心、胃、肠的相对重量较大。

一、添加苜蓿草粉对育肥猪的作用

在育肥猪日粮中添加适当比例的苜蓿草粉，能显著提高猪的生长性能，改善猪的胴体品质，提高胴体的瘦肉率，降低脂肪率和骨率。在体重30千克的杂交猪日粮中添加4%、8%、12% 和16% 的苜蓿草粉，添加苜蓿草粉比例在12% 以下均有利于提高育肥猪的增重及饲料转化率，猪的日增重、日采食量显著改善，饲料转化效率明显提高。添加苜蓿草粉后，育肥猪日粮干物质、粗蛋白质、NDF 的消化率提高；育肥猪血液中尿素氮、甘油三酯、血糖和胆固醇含量降低。但是苜蓿草粉添加比例较高，会造成育肥猪日粮中能量被稀释，造成育肥猪的增重速率下降。在40千克体重育肥猪的日粮中添加苜蓿草粉的比例在40%以上，育肥猪的屠宰率和日增重降低，猪后腿、腰部和肩部肉较多，而腹部和背部脂肪都较少。

二、添加苜蓿草粉对仔猪的作用

仔猪日粮中添加苜蓿草粉，可以促进仔猪肠道消化性能的提高，降低仔猪腹泻率。在仔猪日粮中用2%~3%的苜蓿草粉替代豆粕饲喂，仔猪日增重不受影响，但仔猪腹泻明显减少；当日粮中苜蓿草粉添加比例为4%~6%时，日粮消化能和蛋白质水平降低，造成仔猪日增重下降。添加苜蓿可降低仔猪腹泻率，主要是因为添加苜蓿后仔猪消化道中酶活性提高，促进肠道绒毛生长及免疫力提升，同时苜蓿草粉中纤维素发酵产生的丁酸能保护肠道的生理结构，使肠道保持良好的形态，发酵产生的挥发性脂肪酸通过影响水分吸收和抑制病原微生物生长而起到抗腹泻作用。

三、添加苜蓿草粉对母猪的作用

成年后备母猪大肠内的纤维素分解菌数量比育肥猪多6.7倍，因此母猪日粮中苜蓿草粉的添加比例比育肥猪可以高一些。不仅如此，由于苜蓿草粉含有有利于促进母猪繁殖的因子，后备母猪采食后对未来的配种、妊娠、分娩和哺乳都有所帮助。

妊娠母猪饲喂添加苜蓿的饲料可以提高母猪的繁殖性能，还可以防止异常行为，在分娩时可以预防便秘和产后无乳综合征。

妊娠母猪日粮中添加苜蓿草粉，妊娠期间母猪体重下降，但分娩仔猪数和仔猪初生重不受影响。用含15%、45%和75%苜蓿的日粮饲喂母猪，发现随苜蓿含量增加，干物质、纤维、能量及氮的消化率降低。添加苜蓿草粉对母猪断奶至发情时间间隔影响不显著，可以提高母猪分娩后初乳和常乳中的脂肪含量，有利于初生仔猪生长和成活，断奶仔猪数和哺乳期仔猪成活率显著提高。

哺乳母猪日粮中添加苜蓿草粉，母猪泌乳期采食量、仔猪断奶窝重、窝增重、断奶平均个体重和平均个体日增重均显著提高。